威海海岸带图集(市区)

主　编　宋吉德

副主编　刘向前　高　光　王厚军

中国海洋大学出版社

·青岛·

图书在版编目(CIP)数据

威海海岸带图集. 市区 / 宋吉德主编. —青岛：中国海洋大学出版社，2016. 10

ISBN 978-7-5670-1253-0

Ⅰ. ①威… Ⅱ. ①宋… Ⅲ. ①海岸带—威海—图集 Ⅳ. ①P737. 172-64

中国版本图书馆 CIP 数据核字(2016)第 240086 号

出版发行 中国海洋大学出版社
社　　址 青岛市香港东路 23 号　　**邮政编码** 266071
出 版 人 杨立敏
网　　址 http://www. ouc-press. com
电子信箱 book@ouc. edu. cn
订购电话 0532—82032573(传真)
责任编辑 冯广明　　**电　　话** 0532—85902469
印　　制 青岛国彩印刷有限公司
版　　次 2016 年 10 月第 1 版
印　　次 2016 年 10 月第 1 次印刷
成品尺寸 285 mm×210 mm
印　　张 9. 25
字　　数 130 千
印　　数 1—1000
定　　价 46. 00 元

编　委　会

前　言

海岸带是指海洋和陆地相互交接、相互作用的地带，也是地球上水圈、岩石圈、大气圈和生物圈相互作用最频繁、最活跃的地带，兼有独特的海、陆两种不同属性的环境特征。海岸带地区是地球表面陆域与海域区位优势的集合体，是众多动植物的优良栖息地，也是人类重要的食品、能源产地和休闲游憩场所。世界一半以上的人口、生产和消费活动集中在占全球面积不到10%的海岸带地区。然而，海岸带也是一个生态环境极其脆弱的地带，随着经济的高速发展和人口的迅速增加，海岸带地区空间冲突、环境污染、生境破坏的问题越来越严重。越来越多拥有海岸线的国家和地区，都致力于海岸带环境资源调查与评估，据此制订海岸带资源保护规划和计划，并通过海岸带综合科学管理，达到海岸带优质资源的可持续利用。

威海市海岸线漫长，海岸带资源多样而丰富，如何实现"阳光海岸、自然海岸和发达海岸"的建设目标，展现"最适宜人类居住城市"的风范，解决威海海岸带"利用与储备"及"发展与保护"这一主要矛盾，已经成为当前海洋工作的重点之一。因此，开展海岸带资源基本状况调查，全面掌握海岸带资源的数量与分布，准确评估海岸带资源价值和状况，正确区划海岸带资源的保护和开发，是海洋管理部门亟须解决的问题。

在这样的背景下，我们组织开展了"关注黄金海岸　呵护母亲海湾"行动，对威海市近千千米海岸线进行全覆盖、全方位、多层次、大跨度跟踪监视监测，全面掌握海岸带利用现状和近海海域环境风险，并最终形成了《威海海岸带图集》。本图集以威海市行政区划和海域勘界为基础，以四个分册的形式，分别就全市海岸带资源、海岸带开发利用、海岸带风险三个方面进行阐述。

期冀通过项目的开展，确定出威海市海岸带为国民经济和社会发展可提供的支撑和承载能力、海岸带资源的可持续开发利用潜力，使社会各界全面了解威海市海洋海岸带资源和利用状况及面临的主要问题，充分认识海洋资源开发与保护对于威海具有的重要意义。同时，在此调查基础上，开展海岸带综合管理研究和探索，寻求一条适合威海的海岸带管理道路，为规划和优化海洋生产力布局提供科学依据，实现海洋生态文明示范区建设目标。

《威海海岸带图集》以人类活动影响最大的近岸海域为重点，对威海市海岸线长度和利用方式变迁、海域湿地面积变化、覆盖方式演变等方面进行了调查和评估。调查区域以海岸带为主，陆域为自海岸线向陆延伸至滨海路的范围、向海延伸至12海里的范围。海洋资源调查内容包括海洋空间资源调查、海岸线勘查、海岸带地貌调查、岸滩地貌与冲淤动态调查、潮间带底质调查、海岸带开发利用现状调查、海域使用现状调查、近岸海洋环境保护调查等。调查方法以特征点取样、沿程踏勘、剖面观测、遥感探测等调查方式相结合，利用网络RTK技术进行现场测量，并通过遥感解译、航拍等技术手段，获取海洋资源空间分布特征和开发利用现状，通过现场采样和实验室分析掌握海岸带风险状况，利用ArcGIS软件绘制海岸带资源、海岸带开发利用、海岸带风险等专题图。同时，图集综合处理了威海市2001年至2014年5期海图、地形图、遥感影像以及多年跟踪监测等数据，在对数据源进行数据融合和归一化处理的基础上，综合提取了海岸线信息、海图0米等深线的位置，并分析了海岸线长度和利用方式的变化特点；利用空间分析技术建立了海岸带开发利用方式演变的地学信息图谱。

2015年10月

序　言

本册图集为2001年至2014年时段威海市区海岸带资源、海岸带开发利用和海岸带风险状况图集，具体范围为西起烟威交界北处，东至环荣交界处。

一、海岸带资源

（一）海岸线资源

威海市区海岸线类型包括砂质岸线、基岩岸线和人工岸线。截至2014年年底（下同），市区海岸线总长度151.5千米，其中，砂质岸线38.1千米，基岩岸线38.1千米，人工岸线75.3千米，分别占市区海岸线总长度的25.1%、25.1%、49.8%。与2001年相比，市区海岸线总长度增加7.9千米，其中，人工岸线增加19.5千米，砂质岸线、基岩岸线分别减少0.8千米、10.8千米。海岸线长度变化较大区域主要集中在烟威交界处至黄埠头、赵北咀至逍遥港区域。

（二）潮间带资源

威海市区潮间带主要包括基岩岸滩、砂质岸滩和粉砂淤泥质岸滩三种类型，总面积2 306公顷。其中，基岩岸滩427公顷，砂质岸滩453公顷，粉砂淤泥质岸滩1 426公顷，分别占市区潮间带总面积的18%、20%、62%，较2001年分别减少40.77公顷、17.46公顷、780.88公顷。市区砂质岸滩主要分布在双岛湾两侧、影视城北至小石岛、威海国际海水浴场、金海滩、葡萄滩、半月湾、九龙湾南侧、阴山湾南侧和逍遥港东侧。

(三)水深、海岛、海湾资源

威海市区近岸海域总面积 190 020.3 公顷,其中,－20 米以浅海域面积为 38 794.0 公顷,占市区近岸海域总面积的 20.4%。

500 平方米以上的海岛共 19 个,岛岸线总长 25.79 千米,总面积 3.59 平方千米。最大海岛为刘公岛,面积 3.15 平方千米。

威海市区共有 10 个海湾,海湾总面积 93.08 平方千米,岸线总长度 107.65 千米,其中最大的海湾为威海湾,面积约 54.62 平方千米。双岛湾海湾面积变化较大,较 2001 年减小 7.48 平方千米,海岸线长度增加 5.8 千米。

(四)滨海湿地资源

威海市区湿地总面积 6 377 公顷,其中人工湿地 1 331 公顷,自然湿地 5 047 公顷。2001 年至 2014 年,威海市区湿地总面积呈逐步递减趋势,共减少了 992.8 公顷。

二、海岸带开发利用

(一)潮上带开发利用

威海市区潮上带土地面积共计 4 590.1 公顷,其利用类型包括草地、耕地、林地、工矿仓储用地、公共管理与公共服务用地、商服用地、住宅用地、水域及水利设施用地、交通运输用地、其他用地。其中,林地、耕地面积最大,分别占市区潮上带土地总面积的 22%、12%。2001 年至 2014 年,市区潮上带土地面积呈逐年递增趋势,共增加 992.8 公顷。

(二)海域使用现状

威海市区海域开发利用面积 14 486.3 公顷,其中,渔业用海面积最大,共计 9 880.9 公顷,占市区海域开发利用总面积的68%;其次为交通运输用海,面积共计2 652.3公顷,占市区海域开发利用总面积的18%;工业用海896.2公顷,旅游娱乐用海307.5公顷,造地工程用海310.1公顷,排污倾倒用海341.8公顷,特殊用海92.8公顷,其他用海4.8公顷。

渔业用海包括开放式养殖用海、围海养殖用海、人工鱼礁用海和渔业基础设施用海,其中,开放式养殖用海面积最大,为8 401.0公顷,占市区渔业用海总面积的85%,其余三种用海分别占市区渔业用海总面积的8%、6%、1%。威海市区渔业码头共14处,占用海域总面积34.6公顷,占用岸线总长度2.6千米,其中最大的渔业码头为中心渔港。

威海市区填海造地总面积1 040.3公顷,其中,旅游娱乐用海、特殊用海、交通运输用海面积最大,分别占市区填海造地总面积的35%、28%、18%。工业用海、渔业用海、造地工程用海分别占市区填海造地总面积的10%、5%、4%。市区填海造地区域主要分布在双岛湾、葡萄滩、威海湾和阴山湾。2014年,威海湾、阴山湾填海造地面积锐减,分别减少至1.4公顷、0公顷,双岛湾填海造地工程相对集中,面积共计181.8公顷。

威海市区旅游娱乐用海主要包括旅游基础设施用海、浴场用海、游乐场用海,其中,浴场资源6处、旅游码头4处和滨海公园8处,占用海域面积分别为51.6公顷、14.6公顷、99.0公顷,占用岸线长度分别为9 419.7米、895.7米、11 047.4米。

(三)海洋保护区

威海市区共有国家级海洋特别保护区4处,总面积9 359.0公顷,分别为小石岛、刘公岛海洋生态特别保护区和刘公岛、海西头海洋公园,主要保护对象包括刺参等生物资源,岛屿、自然岸线及其景观,历史遗迹等;国家级水产种质资源保护区2处,为小石岛刺参、靖子湾花鲈水产种质资源保护区;省级水产种质资源保护区共计4处,分别为北海石鲽、半月湾短蛸、刘公岛浅海藻类、日岛太平洋鲱鱼水产种质资源保护区。

(四)海域岸滩修复

威海市区主要海域岸滩修复工程共有9个,主要分布在金线顶、九龙湾、小石岛、双岛湾、初村北海、东部滨海新城等区域,修复海域面积共计 181.2 公顷,修复岸线长度 22.4 千米。

三、海岸带风险

(一)岸滩冲淤

威海市区岸滩冲淤区域主要分布在茅子草口、九龙湾、葡萄滩、双岛湾口、小石岛南侧岸滩,冲淤面积分别为 4.4 公顷、18.2 公顷、8.2 公顷、15.8 公顷、4.6 公顷。岸滩破损区域主要分布在初村、张村和崮山岸滩。

(二)海岸环境风险

影响海岸环境的风险因素主要包括陆源入海排水口、溢油风险源、岸滩垃圾、绿潮等。威海市区共调查到陆源入海排水口 27 个;污水达标排放用海工程 4 处,分别为工业园污水厂、第三污水厂、初村污水处理厂离岸排放工程和威海市水务集团有限公司污水达标排放工程,污水排放用海面积分别为 29.2 公顷、160.3 公顷、109.8 公顷、42.5 公顷。

威海市区共调查到溢油风险源 31 个,其中渔业码头 14 个,旅游码头 4 个,近岸石油存储设施 13 个。受北风偏多影响,每年冬季,威海市北部沿海海滩均会出现程度不一的黑色粘稠状油渣(块)污染,主要分布在小石岛岸滩、国际海水浴场、金海滩和葡萄滩,其中,小石岛岸滩密度最大。分析表明,其来源是航行船舶排放的压舱水或机舱水中含有的燃料油成分。

威海市区绿潮主要发生区域为初村北海、国际海水浴场、金海滩、葡萄滩、半月湾和九龙湾海域。2009 年以来,金海滩海水浴场每年 5 月至 8 月均会出现大型藻类绿潮,绿潮种为孔石莼和浒苔,近 4 年该区域绿潮面积呈逐年递减趋势。

目　录

第1章 海岸带资源

1.1 海岸线资源

海岸线:平均大潮高潮时水陆分界的痕迹线。

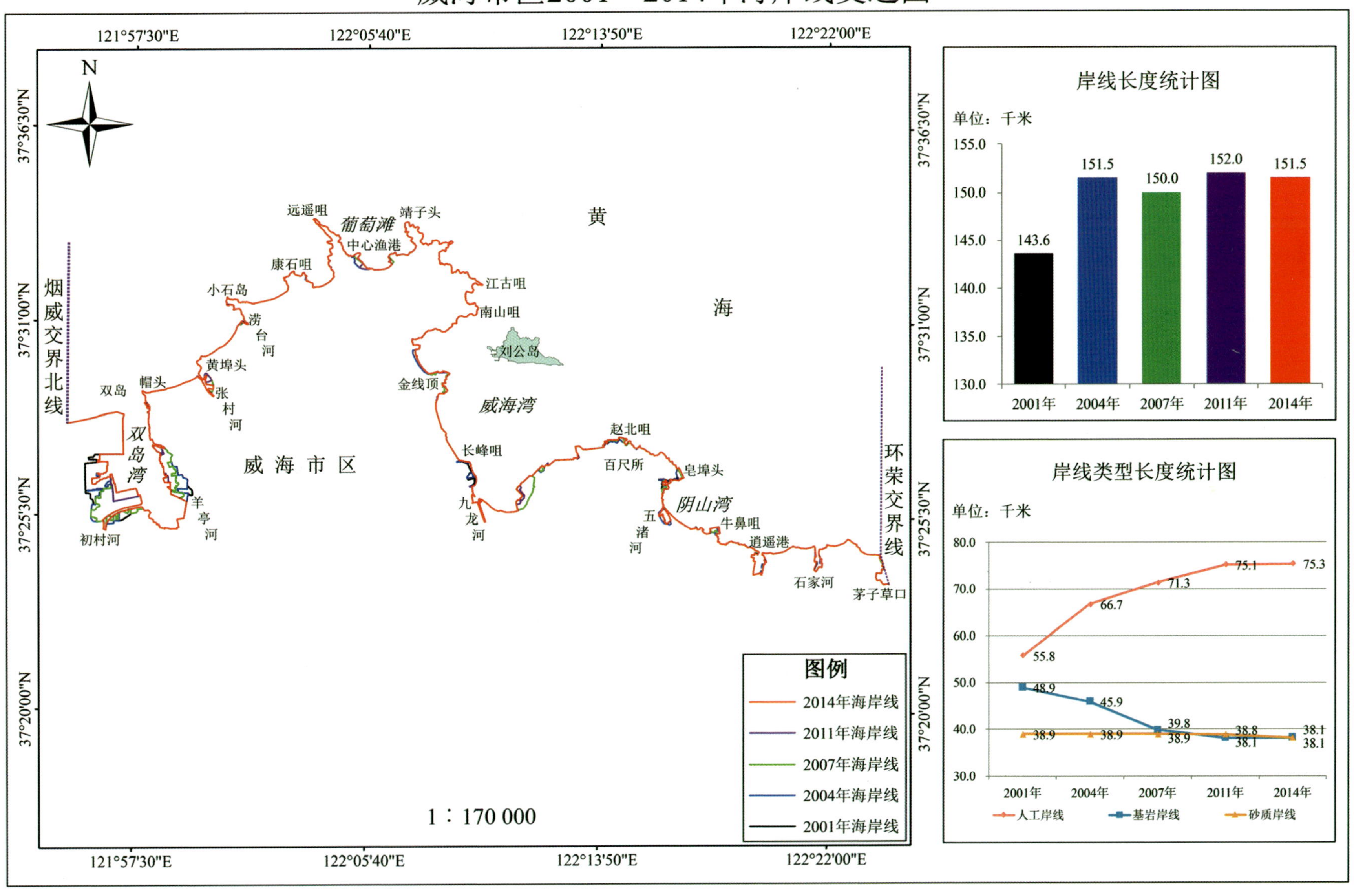
威海市区2001～2014年海岸线变迁图
121°57'30"E
122°05'40"E
122°13'50"E
122°22'00"E
37°36'30"N
37°31'00"N
37°25'30"N
37°20'00"N
N
烟威交界北线
环荣交界线
黄
海
远遥咀
葡萄滩
靖子头
中心渔港
康石咀
江古咀
小石岛
南山咀
涝台河
刘公岛
黄埠头
金线顶
双岛
帽头
张村河
威海湾
双岛湾
威海市区
长峰咀
赵北咀
百尺所
皂埠头
羊亭河
九龙河
五渚河
阴山湾
牛鼻咀
初村河
逍遥港
石家河
茅子草口
1∶170 000
图例
2014年海岸线
2011年海岸线
2007年海岸线
2004年海岸线
2001年海岸线
岸线长度统计图
单位：千米
155.0
150.0
145.0
140.0
135.0
130.0
143.6
151.5
150.0
152.0
151.5
2001年
2004年
2007年
2011年
2014年
岸线类型长度统计图
单位：千米
80.0
70.0
60.0
50.0
40.0
30.0
55.8
66.7
71.3
75.1
75.3
48.9
45.9
39.8
38.1
38.1
38.9
38.9
38.9
38.8
38.1
人工岸线
基岩岸线
砂质岸线

2001年威海市区海岸线类型分布图

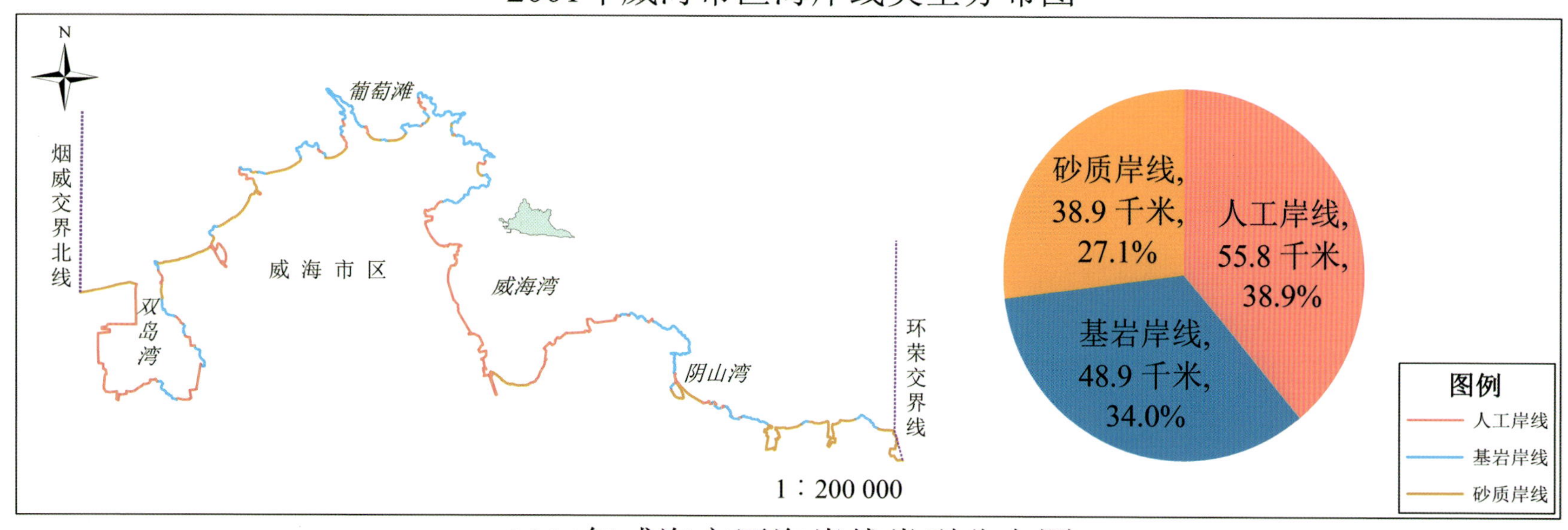

2004年威海市区海岸线类型分布图

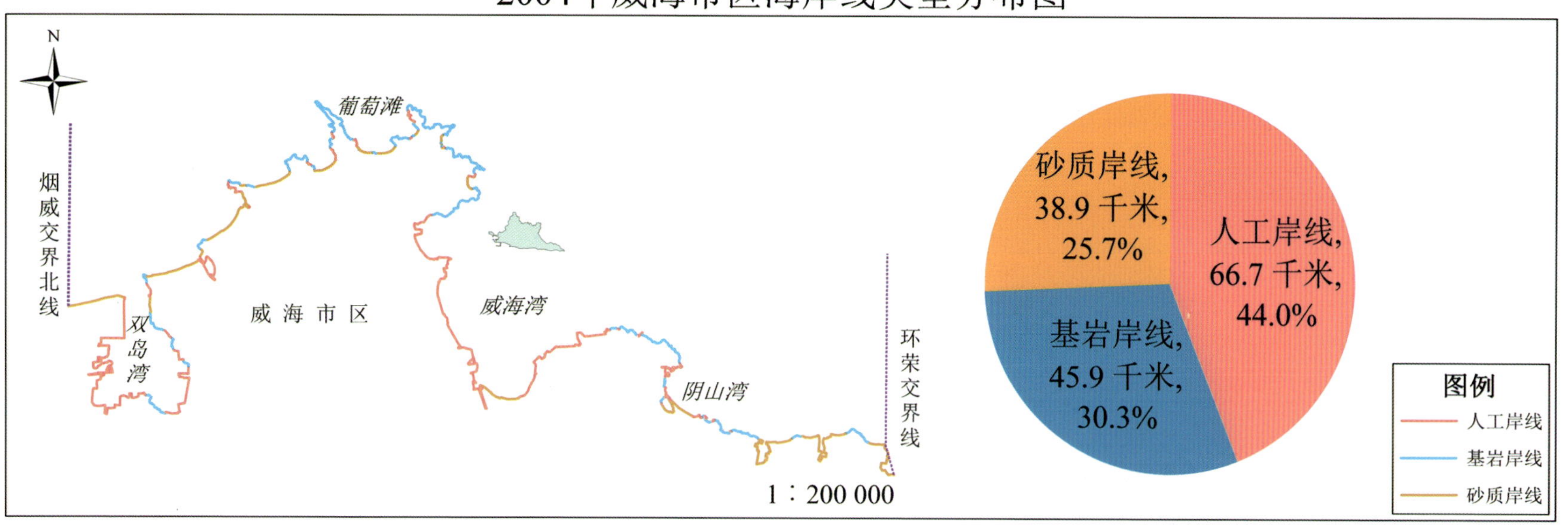

2007年威海市区海岸线类型分布图

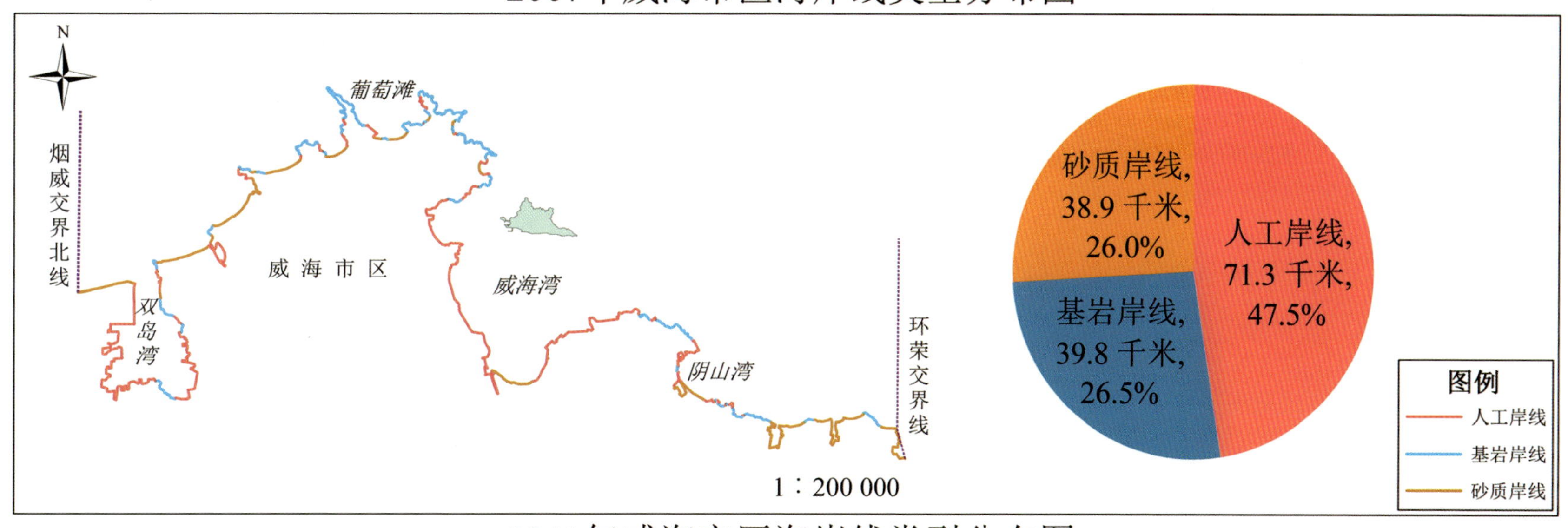

2011年威海市区海岸线类型分布图

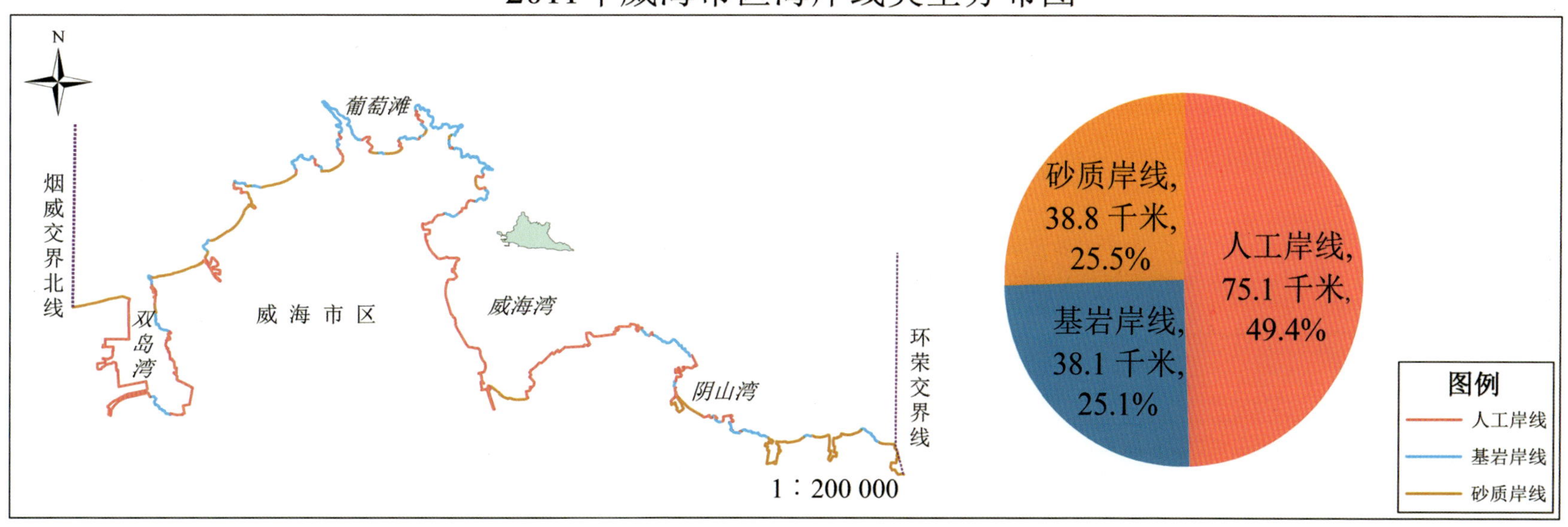

2014年威海市区海岸线类型分布图

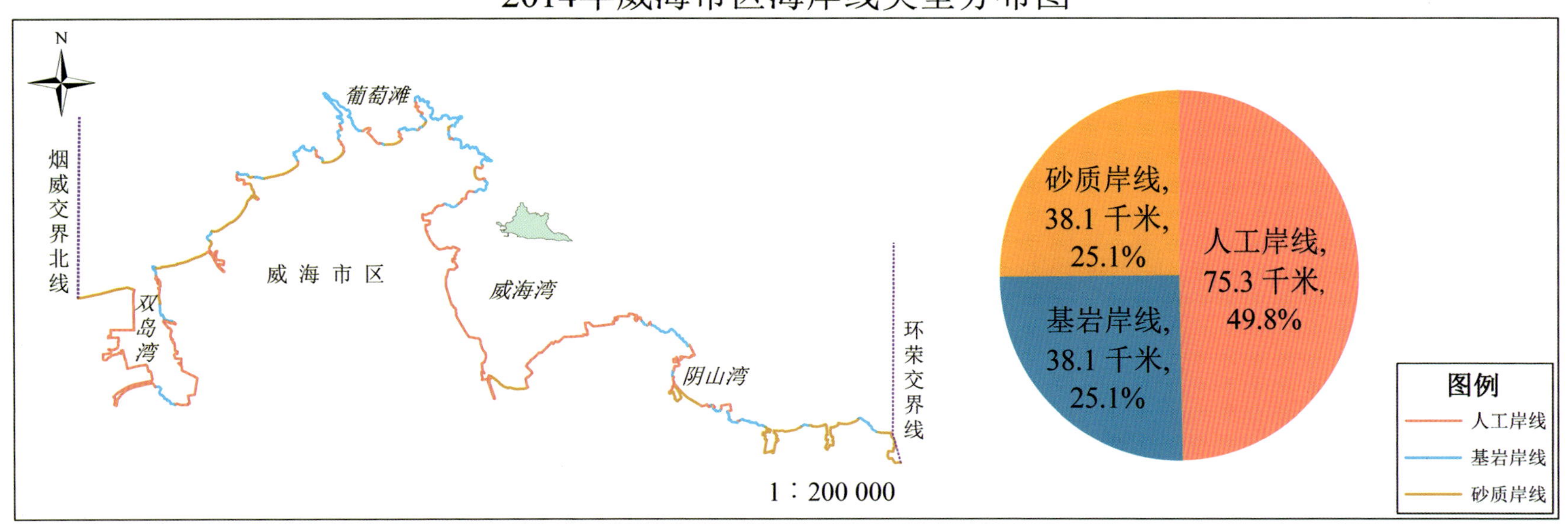

威海市区海岸线类型

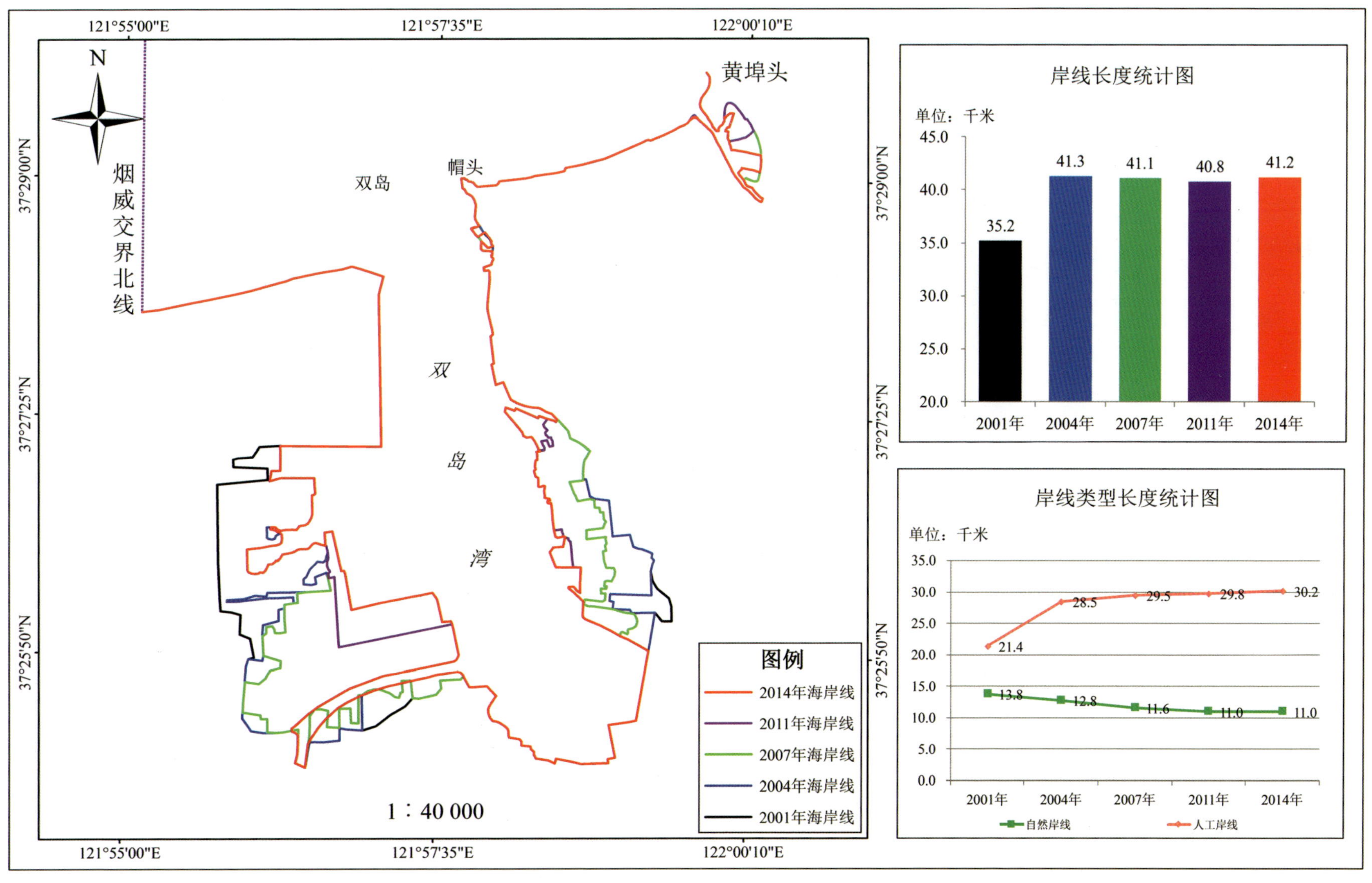
烟威交界处至黄埠头2001～2014年海岸线变迁图
121°55'00"E
121°57'35"E
122°00'10"E
37°29'00"N
37°27'25"N
37°25'50"N
N
烟威交界北线
双岛
帽头
黄埠头
双岛湾
图例
2014年海岸线
2011年海岸线
2007年海岸线
2004年海岸线
2001年海岸线
1∶40 000
岸线长度统计图
单位：千米
45.0
40.0
35.0
30.0
25.0
20.0
35.2
41.3
41.1
40.8
41.2
2001年
2004年
2007年
2011年
2014年
岸线类型长度统计图
单位：千米
35.0
30.0
25.0
20.0
15.0
10.0
5.0
0.0
21.4
28.5
29.5
29.8
30.2
13.8
12.8
11.6
11.0
11.0
自然岸线
人工岸线

2001年、2004年烟威交界处至黄埠头段海岸线变迁对比图

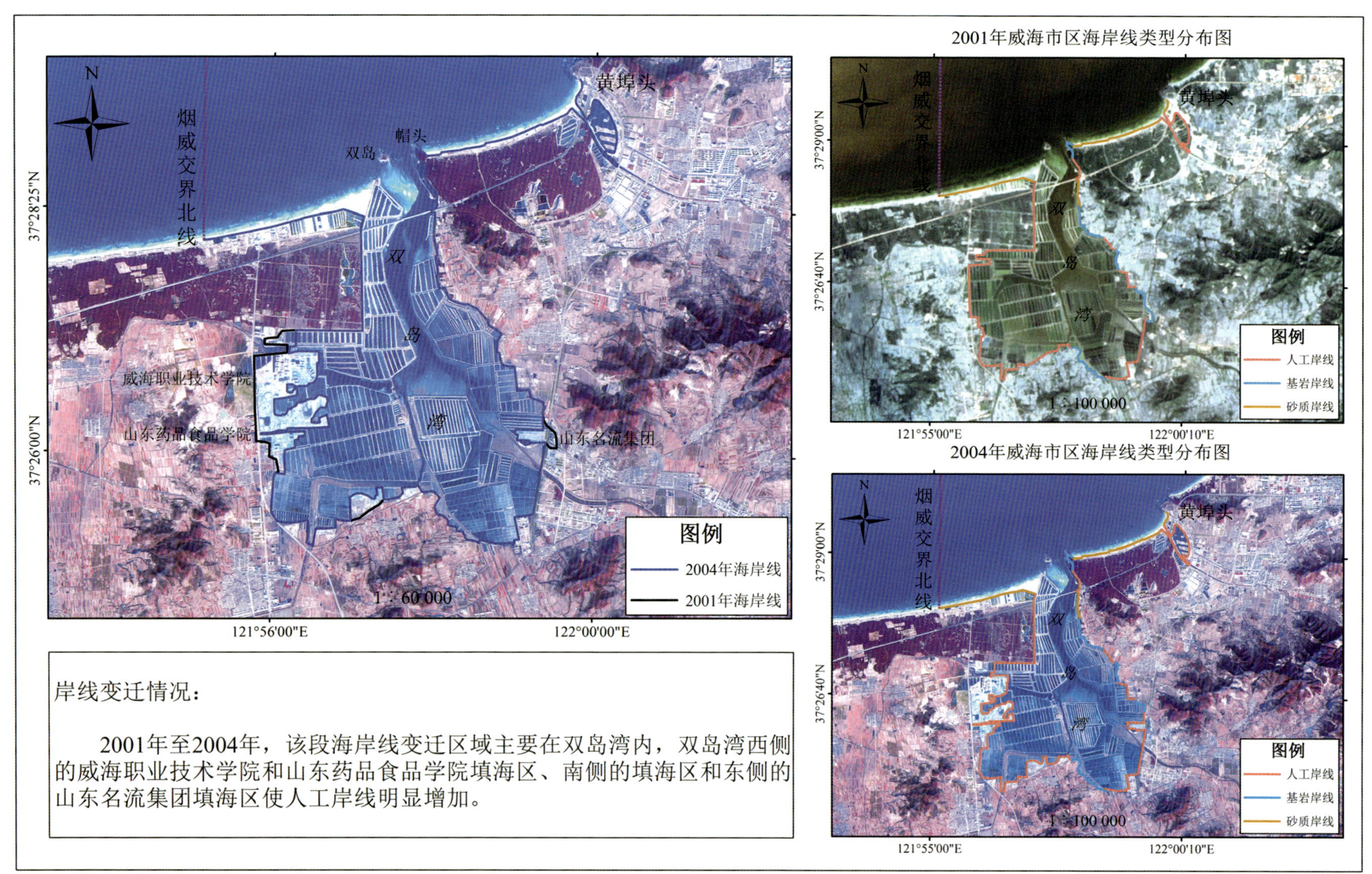

岸线变迁情况：

2001年至2004年，该段海岸线变迁区域主要在双岛湾内，双岛湾西侧的威海职业技术学院和山东药品食品学院填海区、南侧的填海区和东侧的山东名流集团填海区使人工岸线明显增加。

2004年、2007年烟威交界处至黄埠头段海岸线变迁对比图

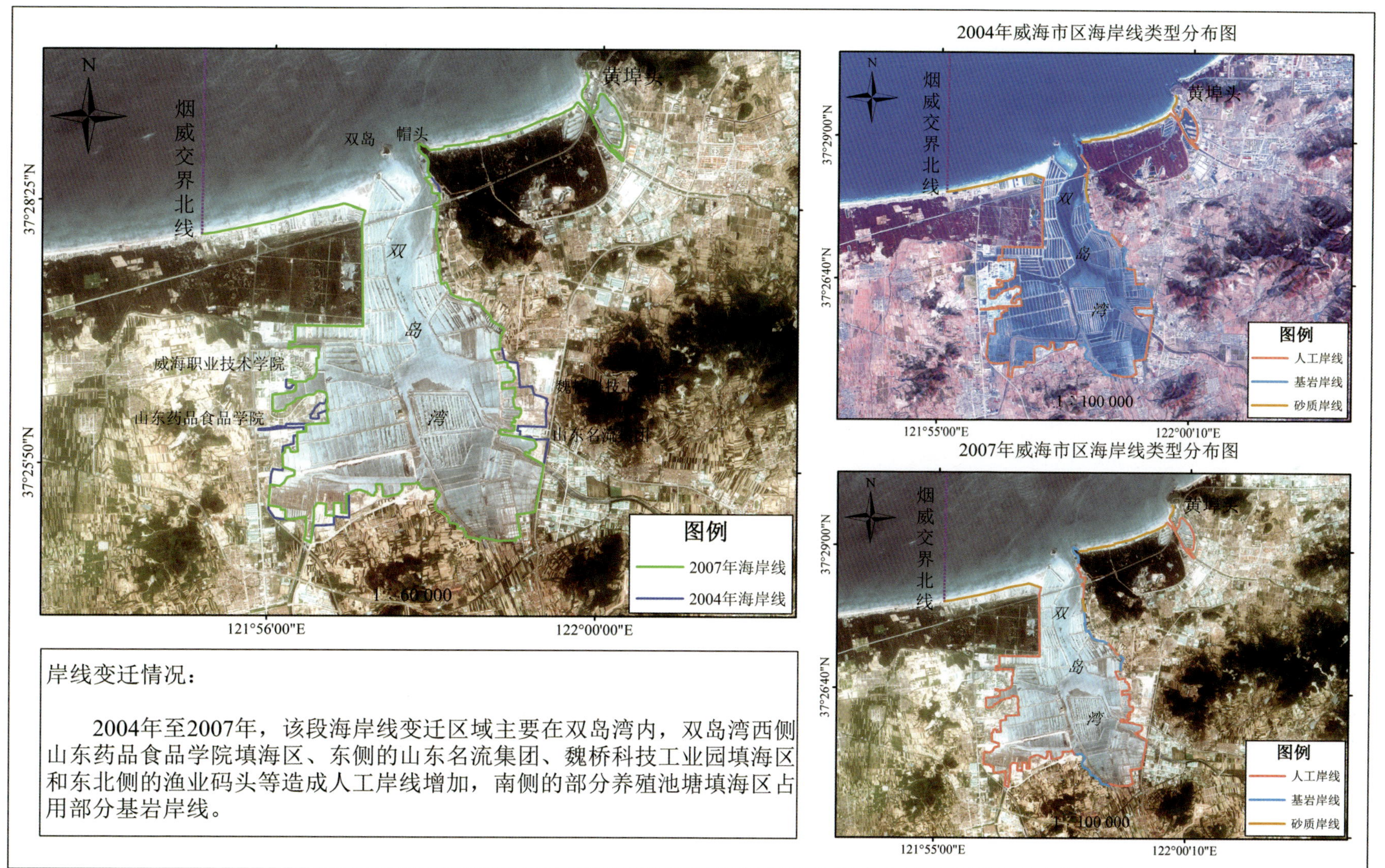

岸线变迁情况：

2004年至2007年，该段海岸线变迁区域主要在双岛湾内，双岛湾西侧山东药品食品学院填海区、东侧的山东名流集团、魏桥科技工业园填海区和东北侧的渔业码头等造成人工岸线增加，南侧的部分养殖池塘填海区占用部分基岩岸线。

2007年、2011年烟威交界处至黄埠头段海岸线变迁对比图

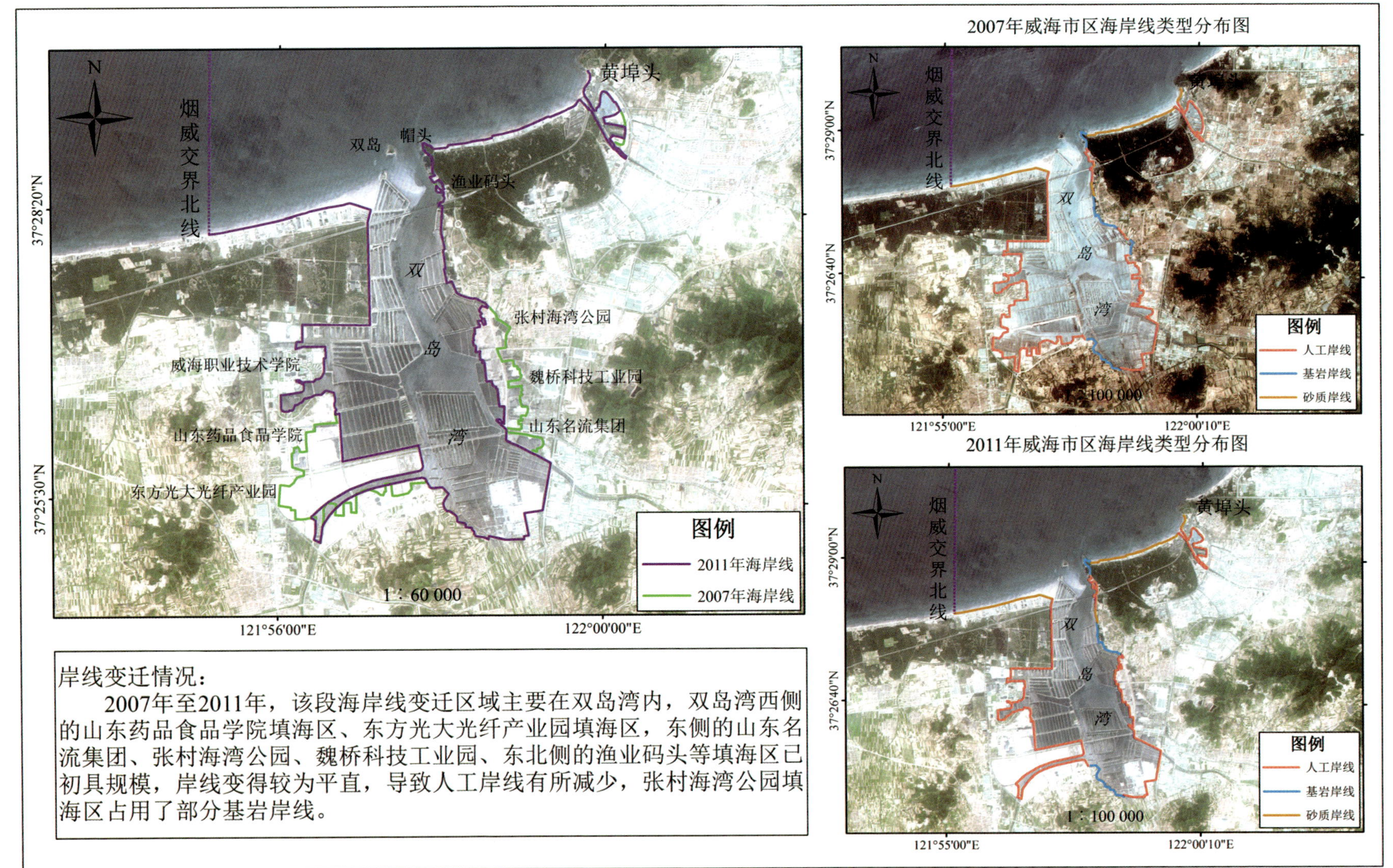

岸线变迁情况：

2007年至2011年，该段海岸线变迁区域主要在双岛湾内，双岛湾西侧的山东药品食品学院填海区、东方光大光纤产业园填海区，东侧的山东名流集团、张村海湾公园、魏桥科技工业园、东北侧的渔业码头等填海区已初具规模，岸线变得较为平直，导致人工岸线有所减少，张村海湾公园填海区占用了部分基岩岸线。

2011年、2014年烟威交界处至黄埠头段海岸线变迁对比图

岸线变迁情况：

2011年至2014年，该段海岸线变迁区域主要在双岛湾内，双岛湾西侧山东药品食品学院填海区和东侧填海区已初具规模，岸线变得较为平直。

2014年烟威交界处至黄埠头状况图

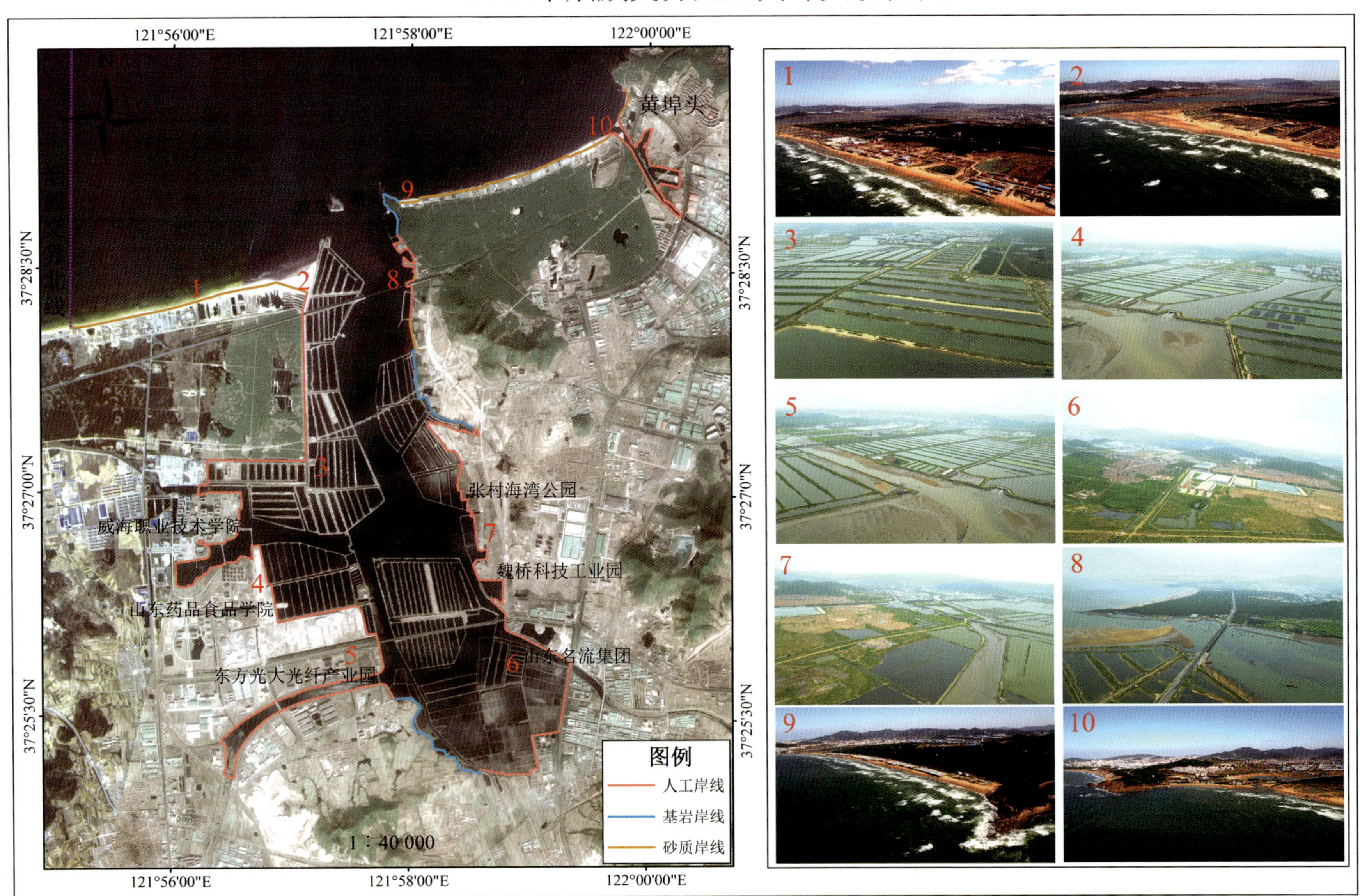

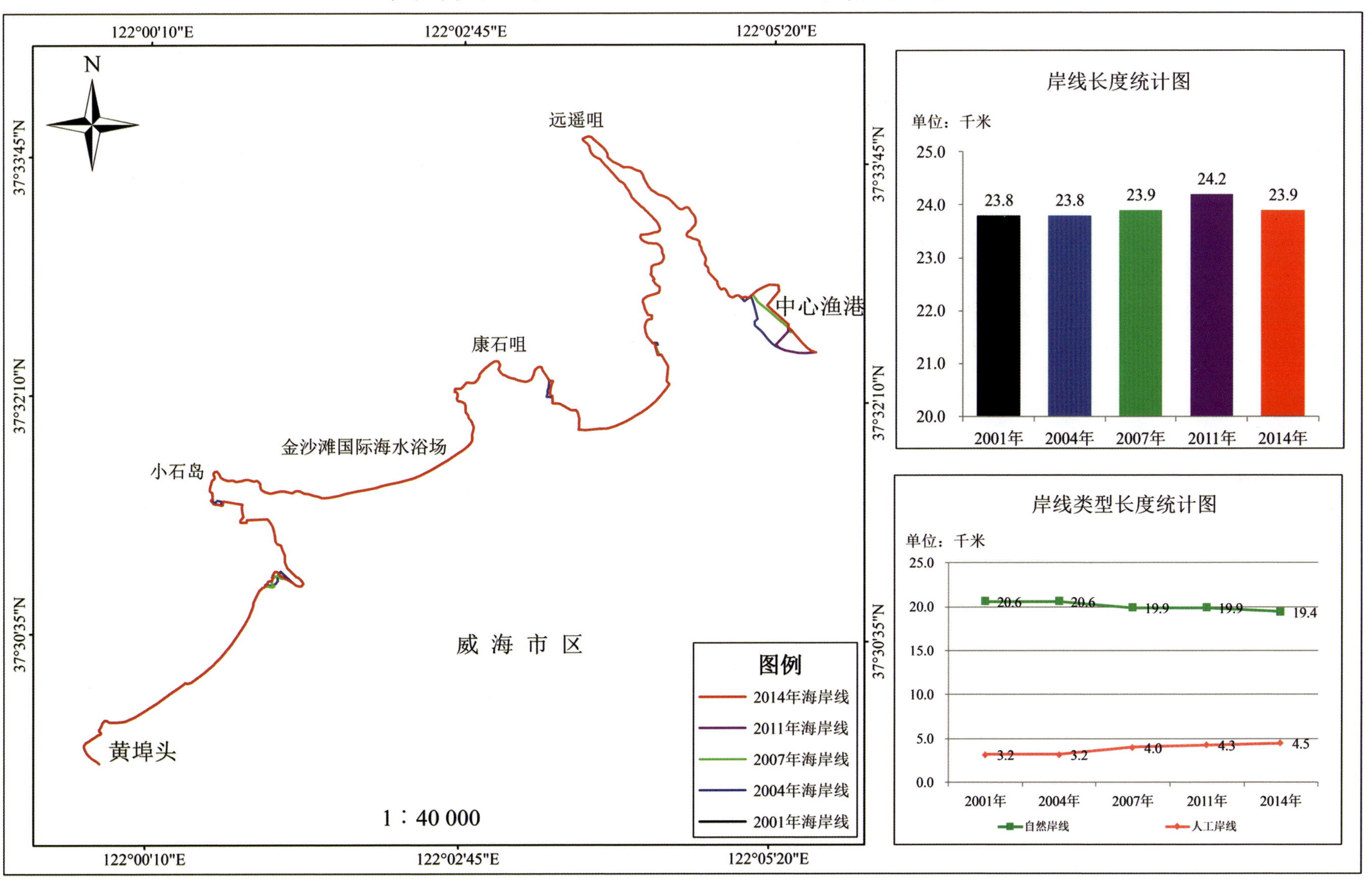
黄埠头至中心渔港2001～2014年海岸线变迁图
122°00'10"E
122°02'45"E
122°05'20"E
37°33'45"N
37°32'10"N
37°30'35"N
N
远遥咀
中心渔港
康石咀
金沙滩国际海水浴场
小石岛
威 海 市 区
黄埠头
图例
2014年海岸线
2011年海岸线
2007年海岸线
2004年海岸线
2001年海岸线
1∶40 000
岸线长度统计图
单位：千米
25.0
24.0
23.0
22.0
21.0
20.0
23.8
23.8
23.9
24.2
23.9
2001年
2004年
2007年
2011年
2014年
岸线类型长度统计图
单位：千米
25.0
20.0
15.0
10.0
5.0
0.0
20.6
20.6
19.9
19.9
19.4
3.2
3.2
4.0
4.3
4.5
2001年
2004年
2007年
2011年
2014年
自然岸线
人工岸线

2001年、2004年黄埠头至中心渔港段海岸线变迁对比图

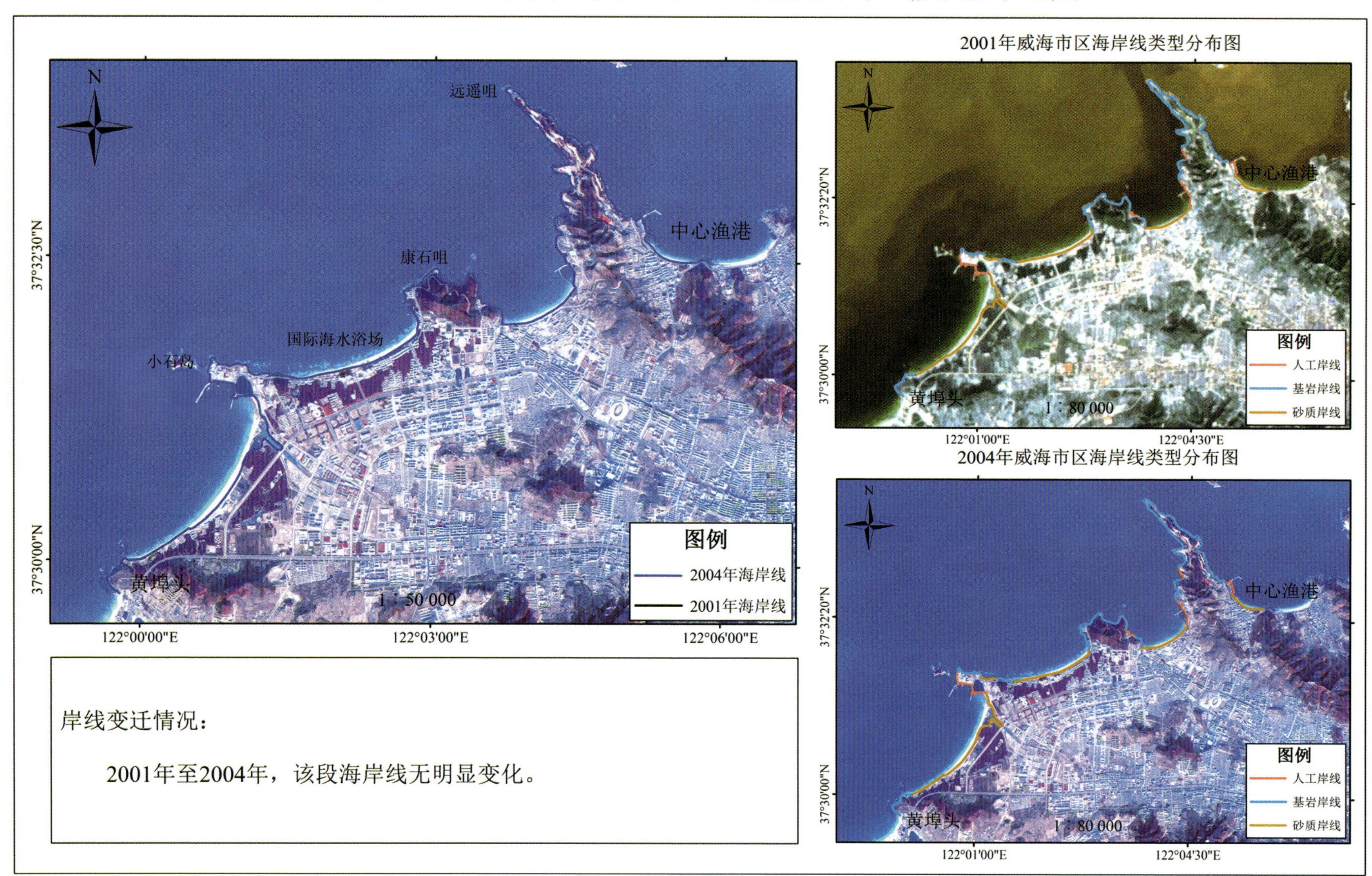

岸线变迁情况：

2001年至2004年，该段海岸线无明显变化。

2004年、2007年黄埠头至中心渔港段海岸线变迁对比图

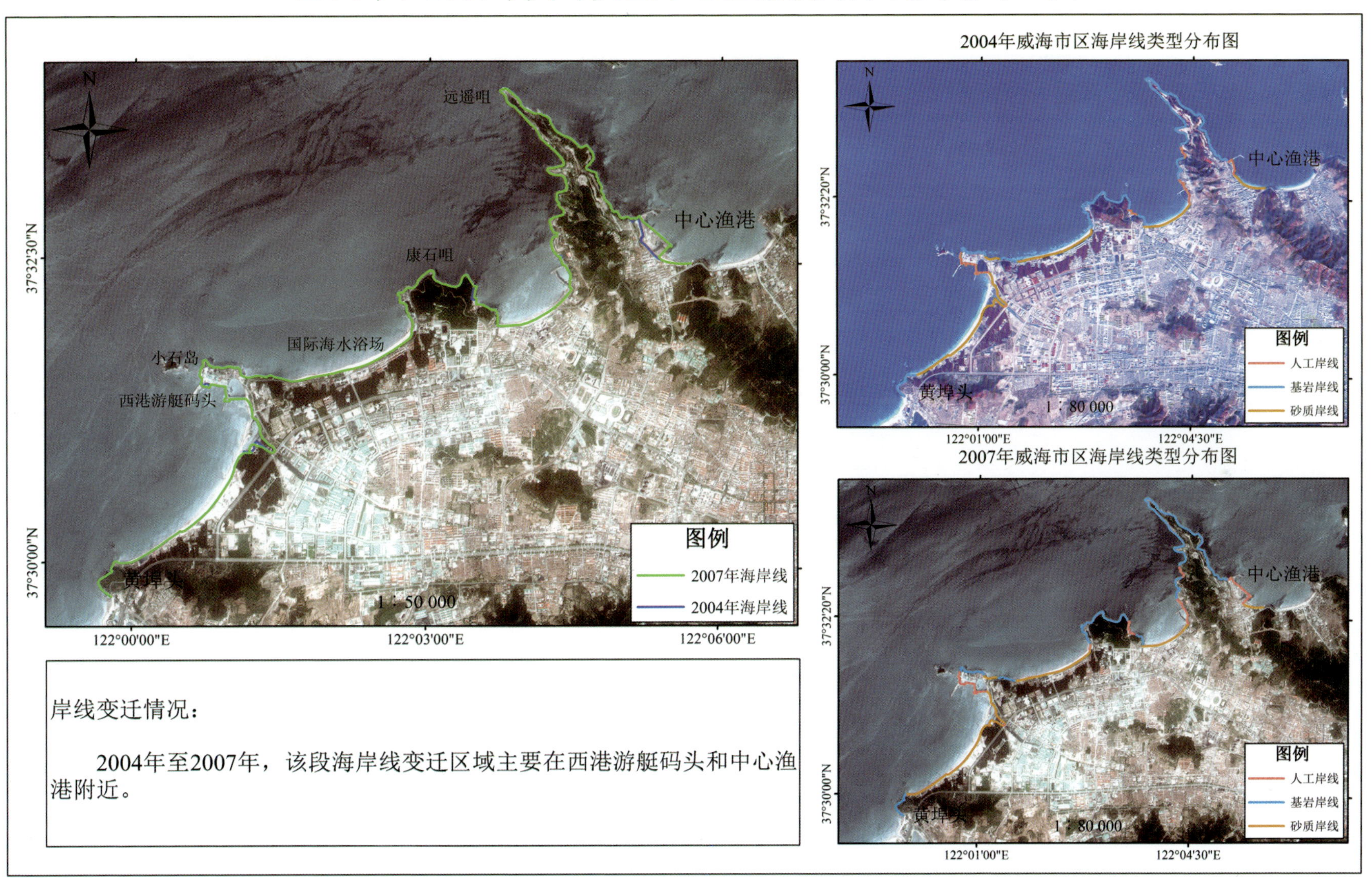

岸线变迁情况：

2004年至2007年，该段海岸线变迁区域主要在西港游艇码头和中心渔港附近。

2007年、2011年黄埠头至中心渔港段海岸线变迁对比图

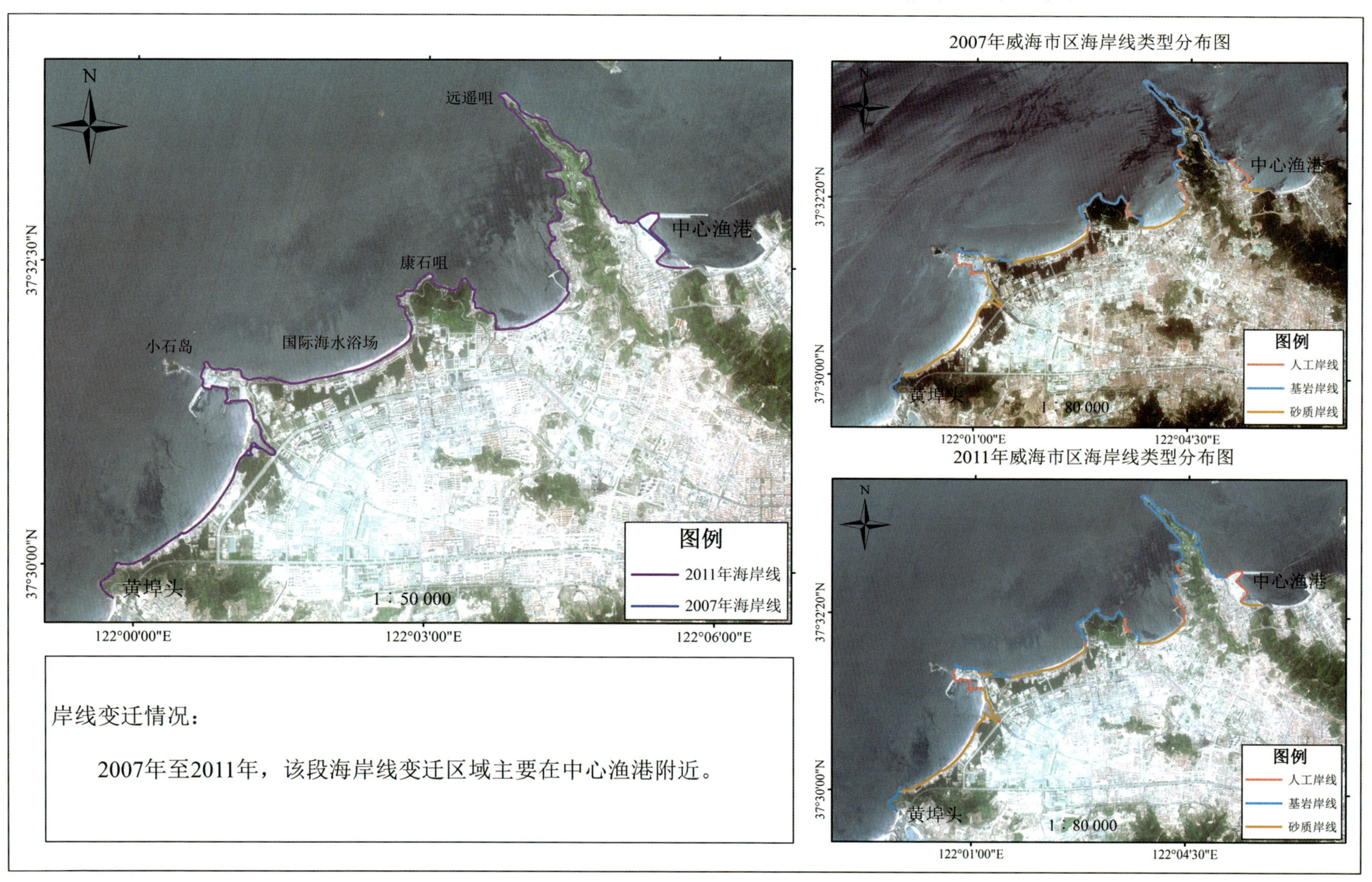

岸线变迁情况:

2007年至2011年,该段海岸线变迁区域主要在中心渔港附近。

2011年、2014年黄埠头至中心渔港段海岸线变迁对比图

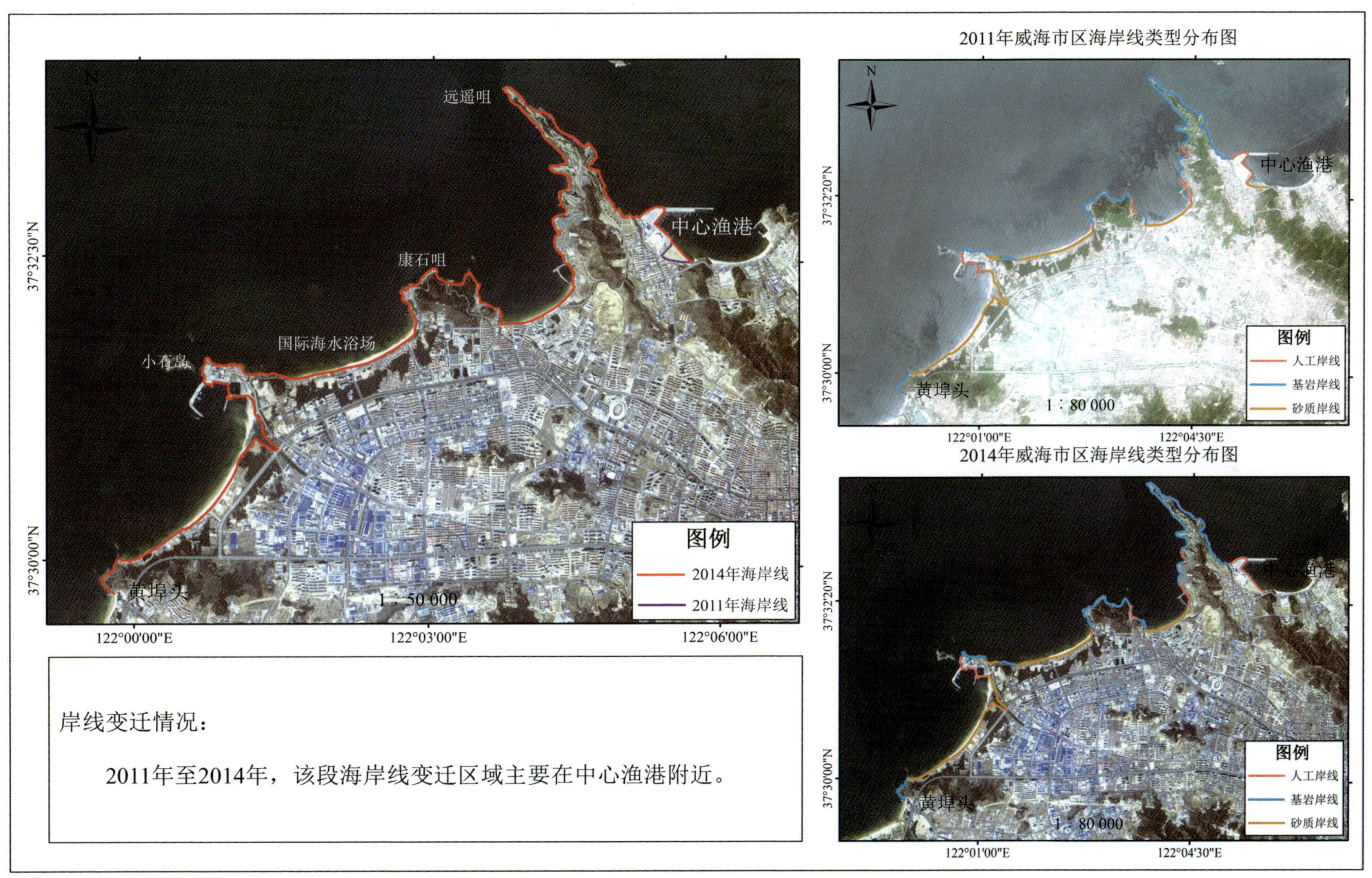

岸线变迁情况：

2011年至2014年，该段海岸线变迁区域主要在中心渔港附近。

2014年黄埠头至中心渔港状况图

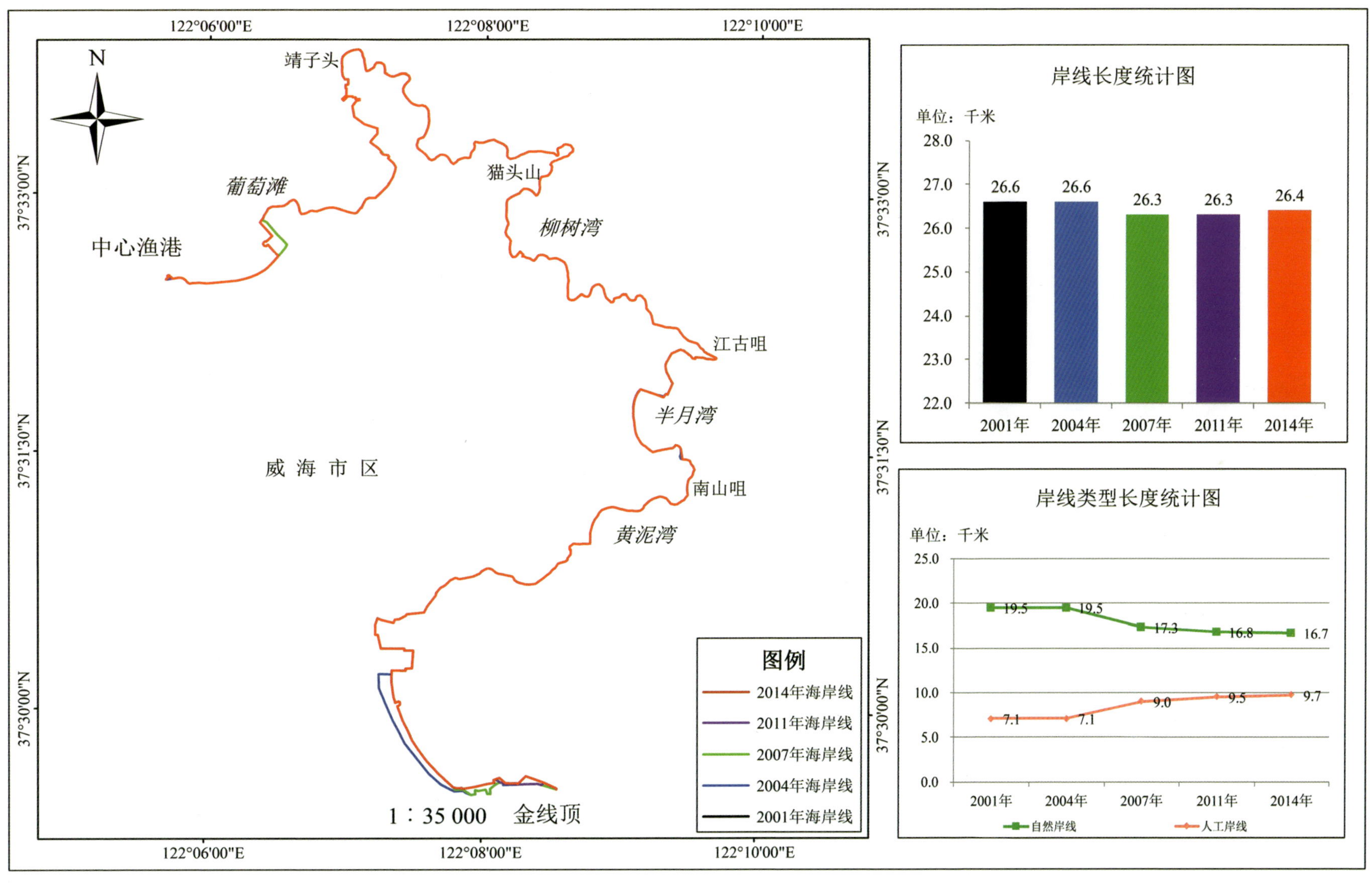
中心渔港至金线顶2001～2014年海岸线变迁图
122°06'00"E
122°08'00"E
122°10'00"E
37°33'00"N
37°31'30"N
37°30'00"N
N
靖子头
猫头山
葡萄滩
柳树湾
中心渔港
江古咀
半月湾
威 海 市 区
南山咀
黄泥湾
1∶35 000
金线顶
图例
2014年海岸线
2011年海岸线
2007年海岸线
2004年海岸线
2001年海岸线
岸线长度统计图
单位：千米
28.0
27.0
26.0
25.0
24.0
23.0
22.0
26.6
26.6
26.3
26.3
26.4
2001年
2004年
2007年
2011年
2014年
岸线类型长度统计图
单位：千米
25.0
20.0
15.0
10.0
5.0
0.0
19.5
19.5
17.3
16.8
16.7
7.1
7.1
9.0
9.5
9.7
2001年
2004年
2007年
2011年
2014年
自然岸线
人工岸线

2001年、2004年中心渔港至金线顶段海岸线变迁对比图

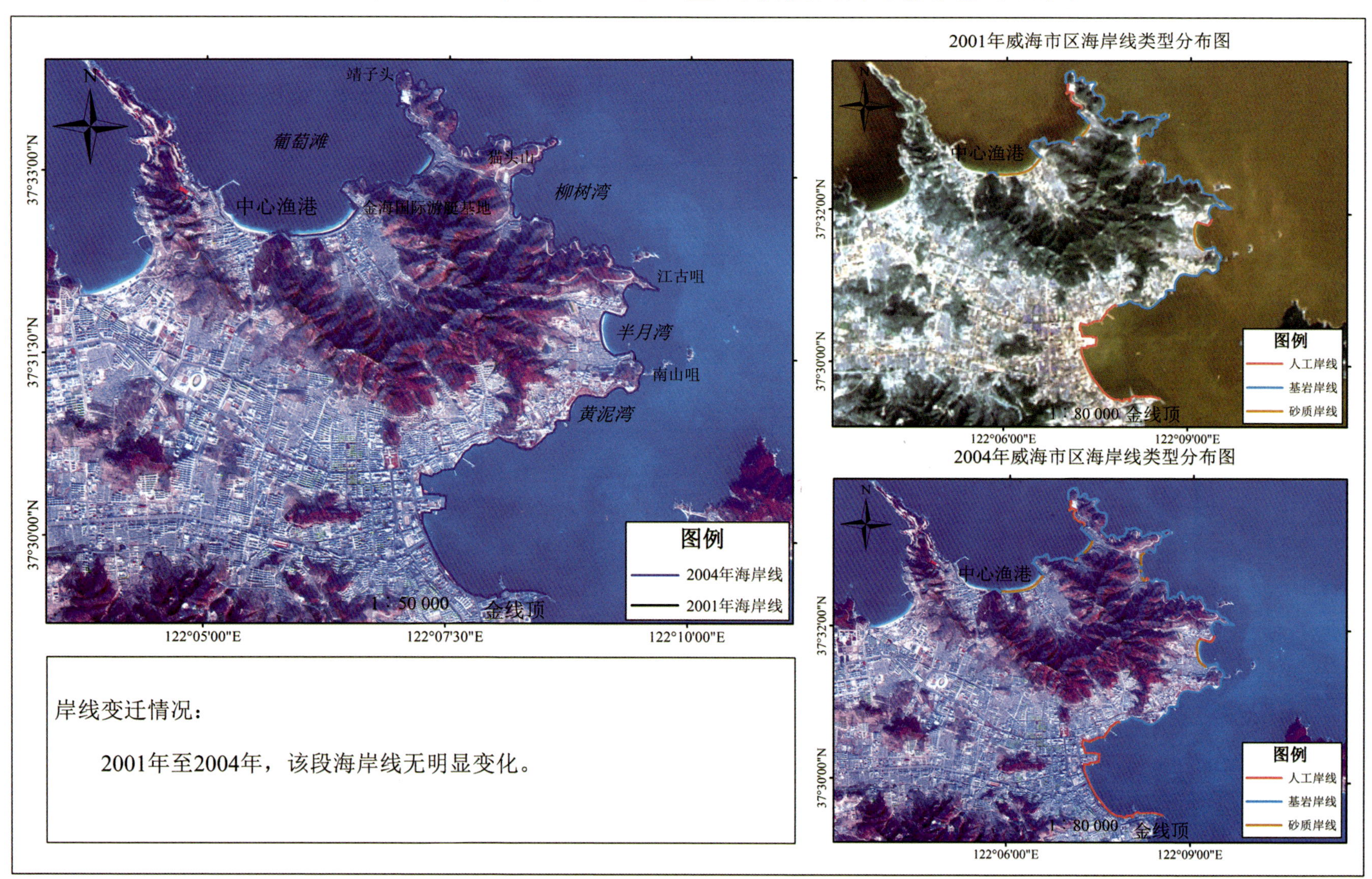

岸线变迁情况：

2001年至2004年，该段海岸线无明显变化。

2004年、2007年中心渔港至金线顶段海岸线变迁对比图

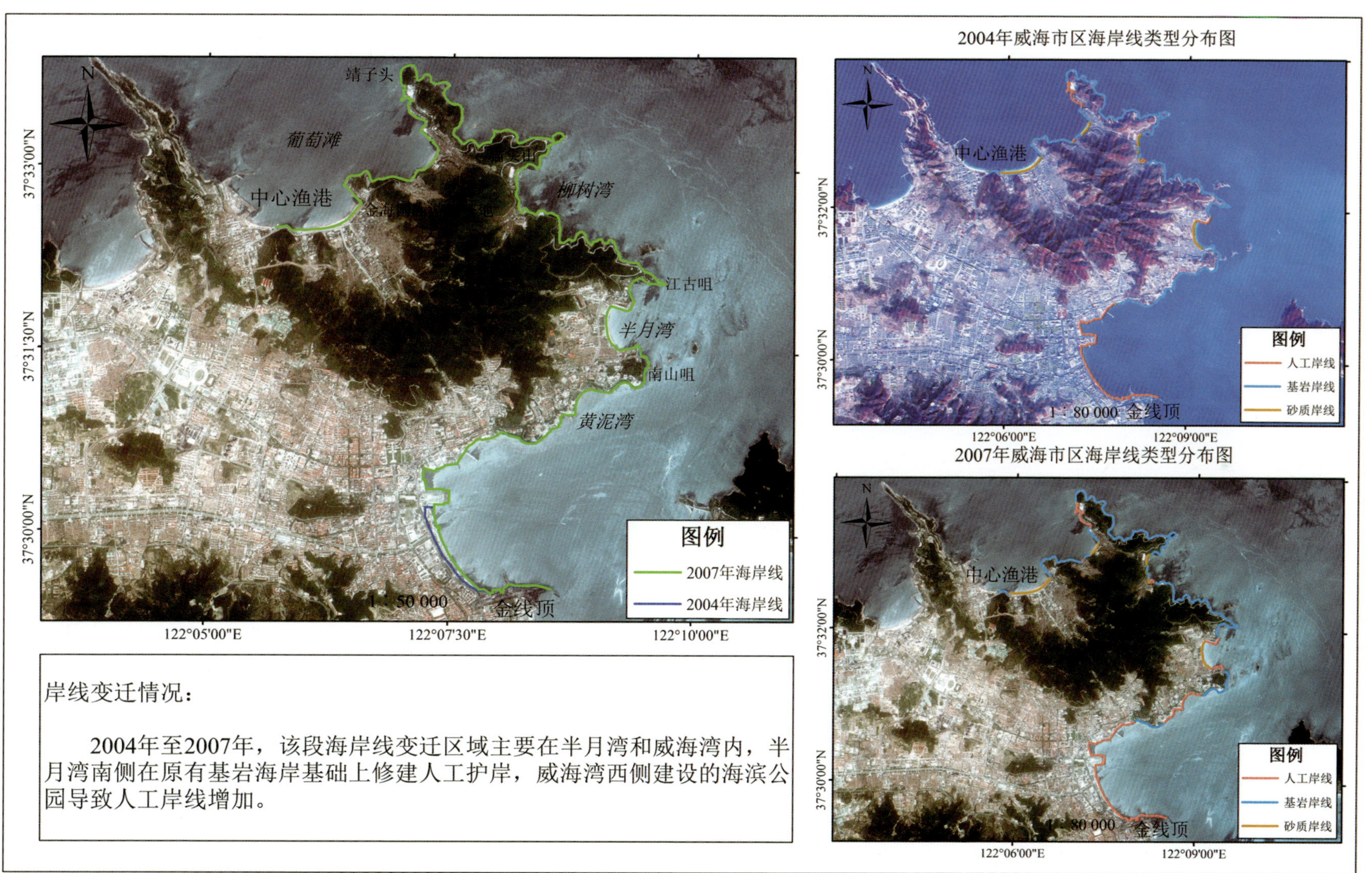

岸线变迁情况：

2004年至2007年，该段海岸线变迁区域主要在半月湾和威海湾内，半月湾南侧在原有基岩海岸基础上修建人工护岸，威海湾西侧建设的海滨公园导致人工岸线增加。

2007年、2011年中心渔港至金线顶段海岸线变迁对比图

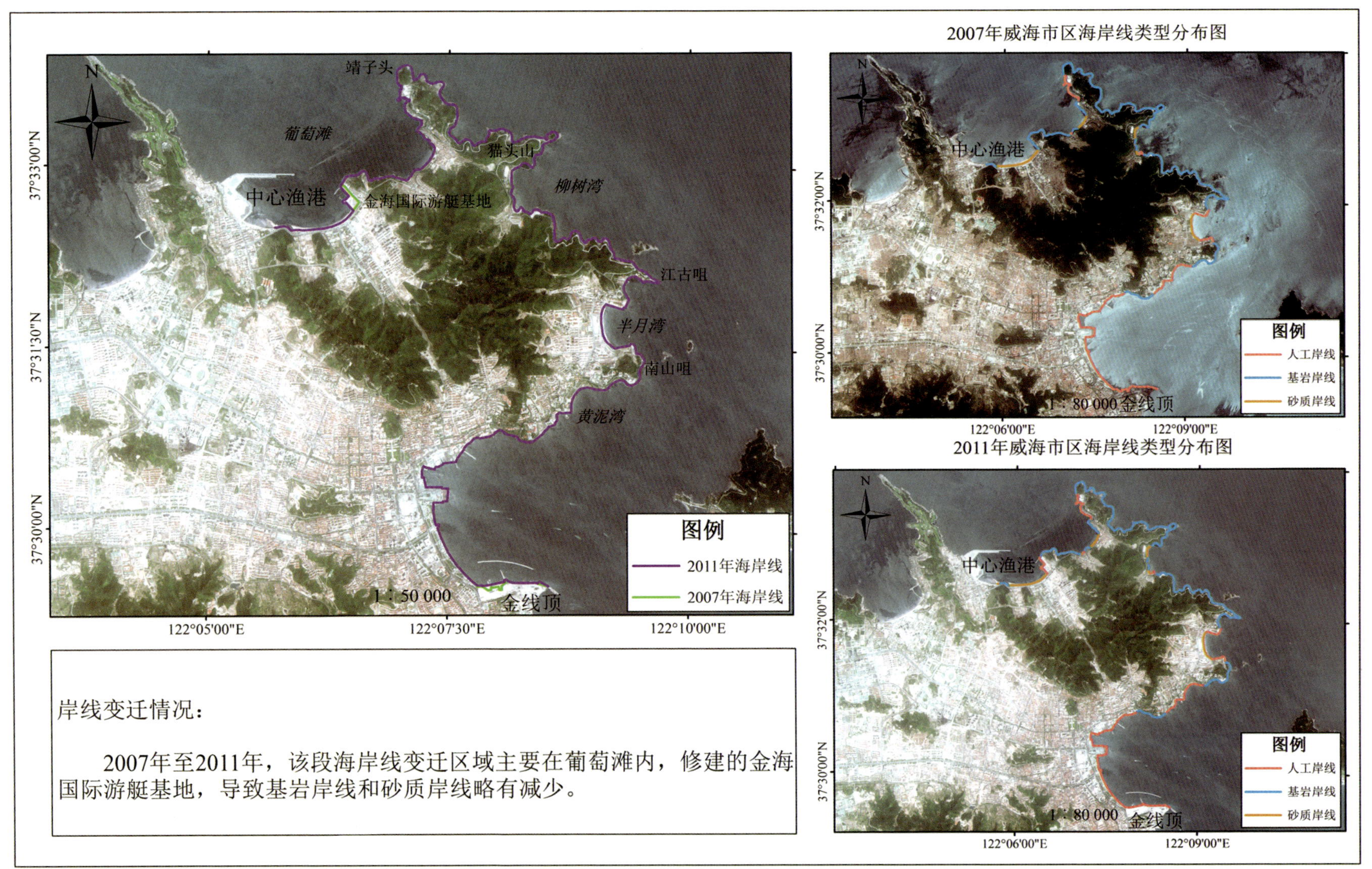

2011年、2014年中心渔港至金线顶段海岸线变迁对比图

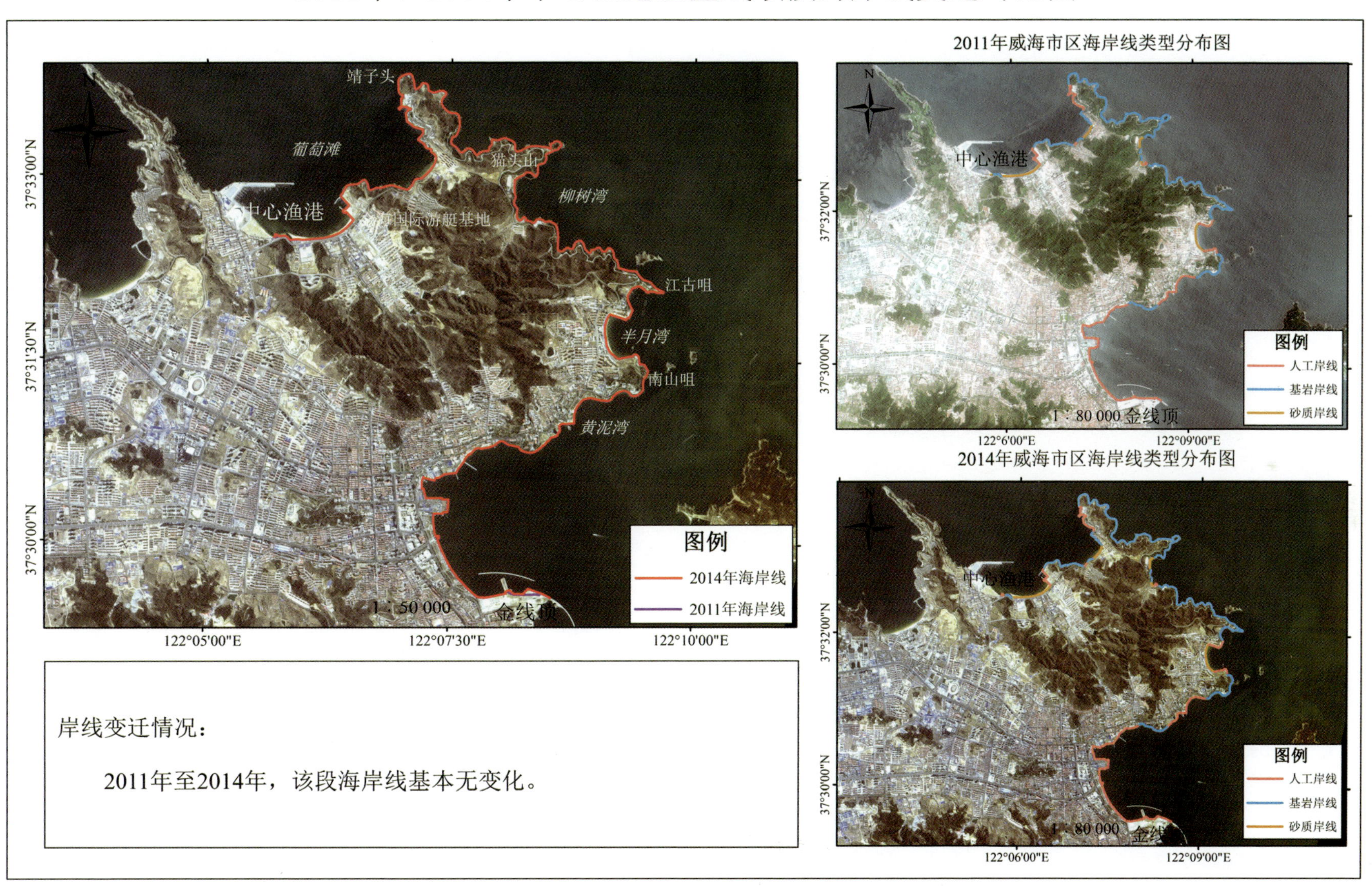

岸线变迁情况：

2011年至2014年，该段海岸线基本无变化。

2014年中心渔港至金线顶状况图

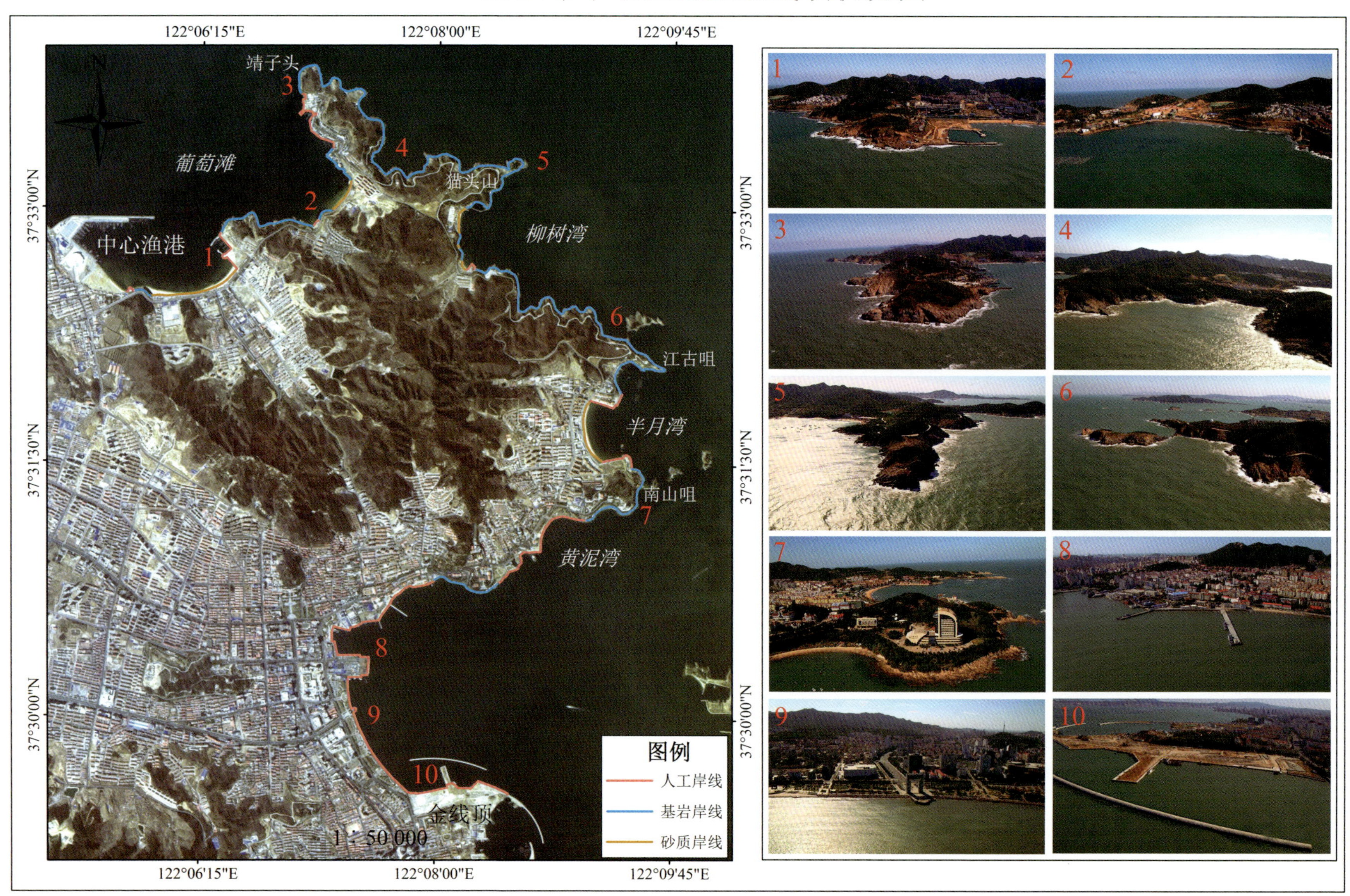

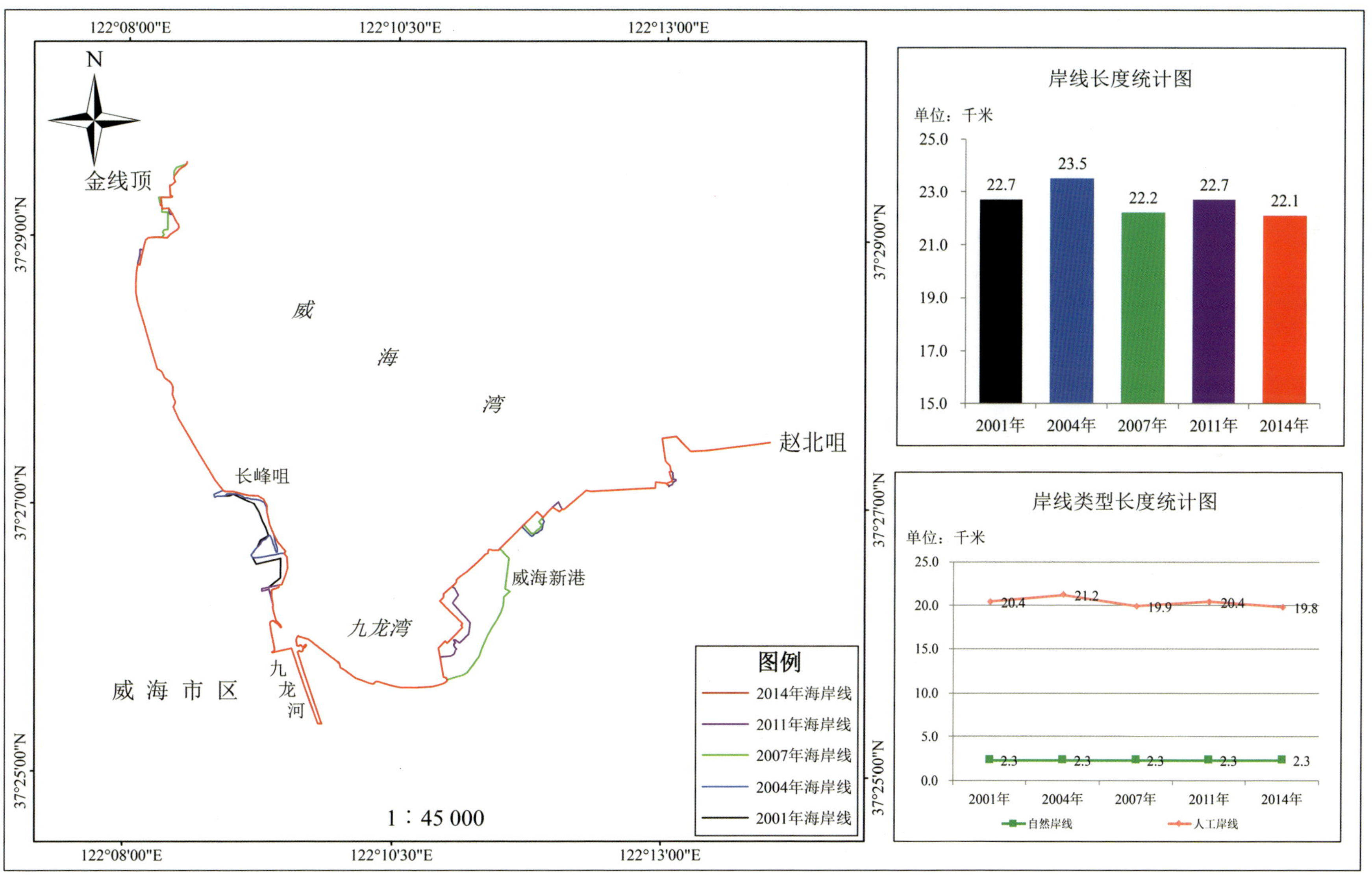
金线顶至赵北咀2001～2014年海岸线变迁图
122°08'00"E
122°10'30"E
122°13'00"E
37°29'00"N
37°27'00"N
37°25'00"N
N
金线顶
威
海
湾
长峰咀
赵北咀
威海新港
九龙湾
威 海 市 区
九
龙
河
1∶45 000
图例
2014年海岸线
2011年海岸线
2007年海岸线
2004年海岸线
2001年海岸线
岸线长度统计图
单位：千米
25.0
23.0
21.0
19.0
17.0
15.0
22.7
23.5
22.2
22.7
22.1
2001年
2004年
2007年
2011年
2014年
岸线类型长度统计图
单位：千米
25.0
20.0
15.0
10.0
5.0
0.0
20.4
21.2
19.9
20.4
19.8
2.3
2.3
2.3
2.3
2.3
2001年
2004年
2007年
2011年
2014年
自然岸线
人工岸线

2001年、2004年金线顶至赵北咀段海岸线变迁对比图

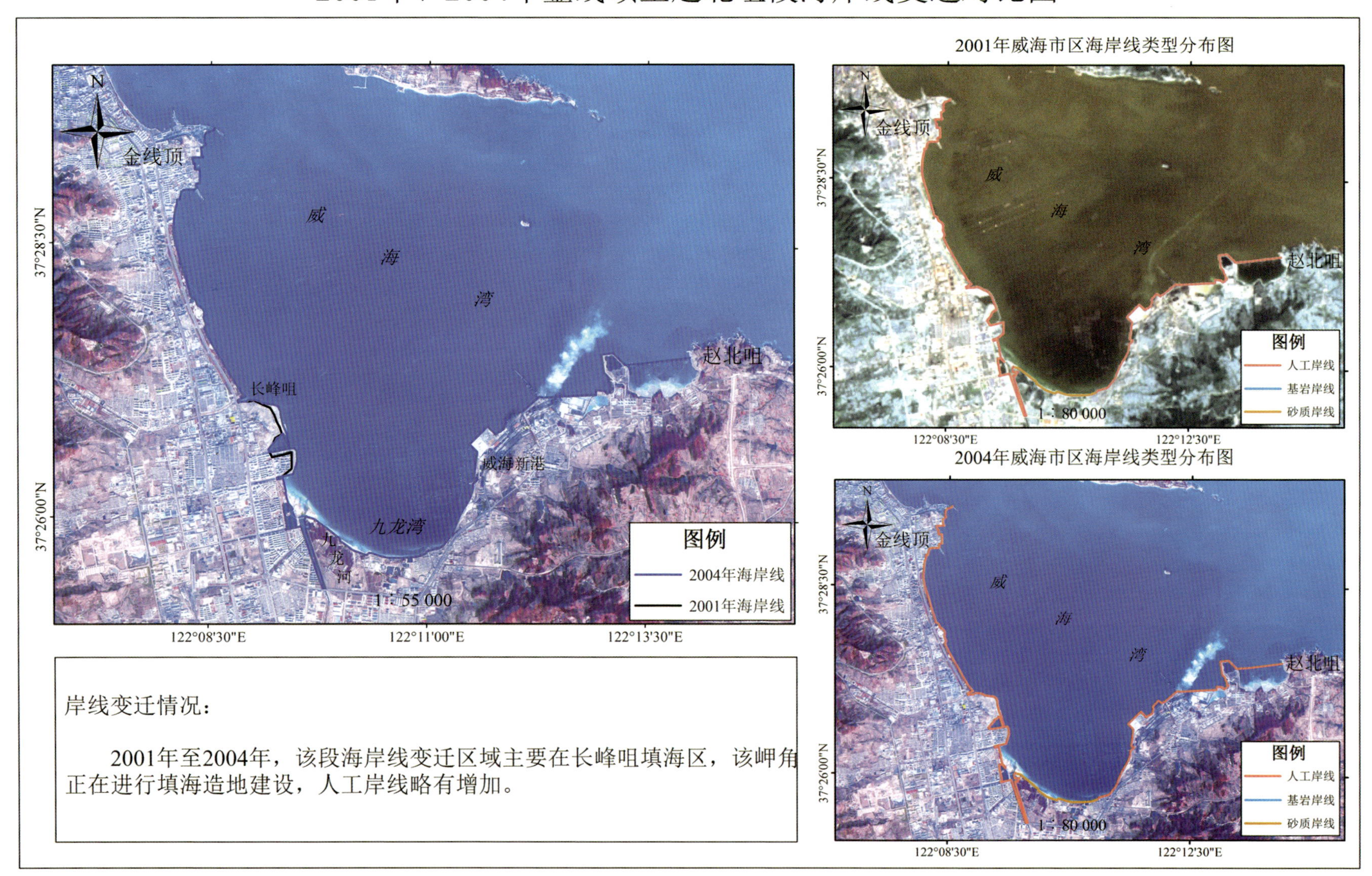

岸线变迁情况：

2001年至2004年，该段海岸线变迁区域主要在长峰咀填海区，该岬角正在进行填海造地建设，人工岸线略有增加。

2004年、2007年金线顶至赵北咀段海岸线变迁对比图

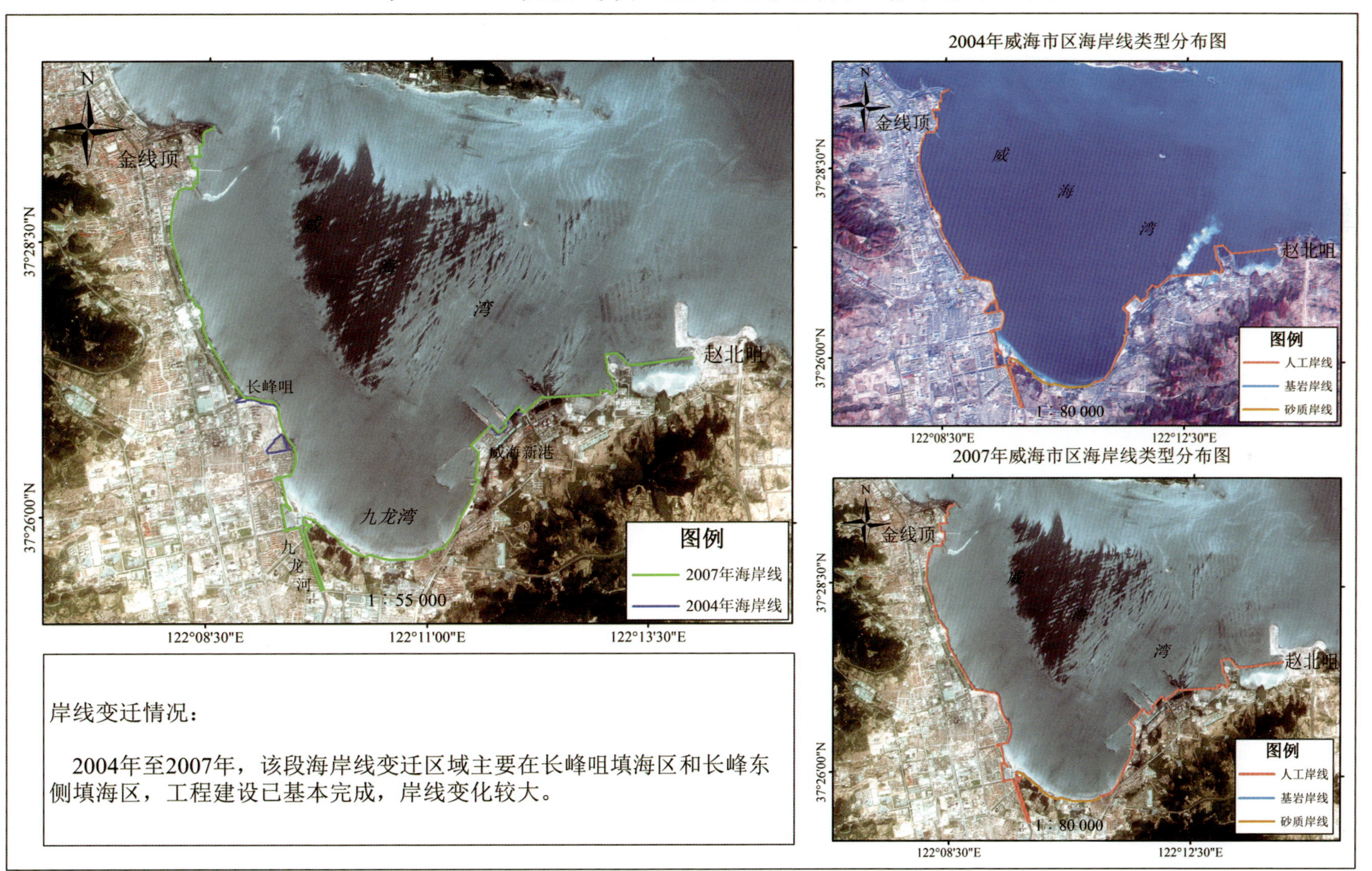

岸线变迁情况：

2004年至2007年，该段海岸线变迁区域主要在长峰咀填海区和长峰东侧填海区，工程建设已基本完成，岸线变化较大。

2007年、2011年金线顶至赵北咀段海岸线变迁对比图

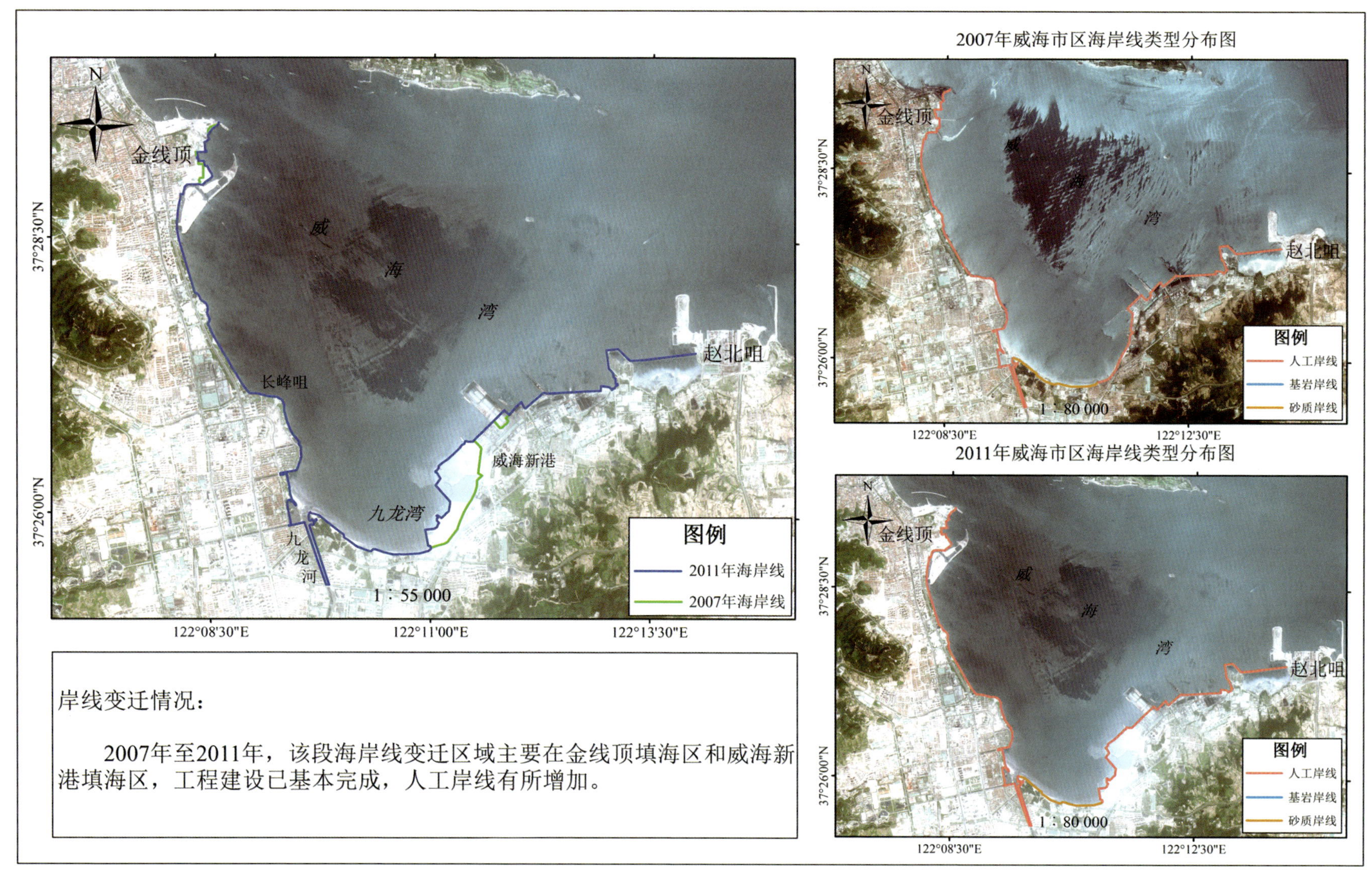

岸线变迁情况：

2007年至2011年，该段海岸线变迁区域主要在金线顶填海区和威海新港填海区，工程建设已基本完成，人工岸线有所增加。

2011年、2014年金线顶至赵北咀段海岸线变迁对比图

岸线变迁情况：

2011年至2014年，该段海岸线变迁区域主要在九龙湾内，九龙湾东侧填海项目造成岸线变化。

2014年金线顶至赵北咀状况图

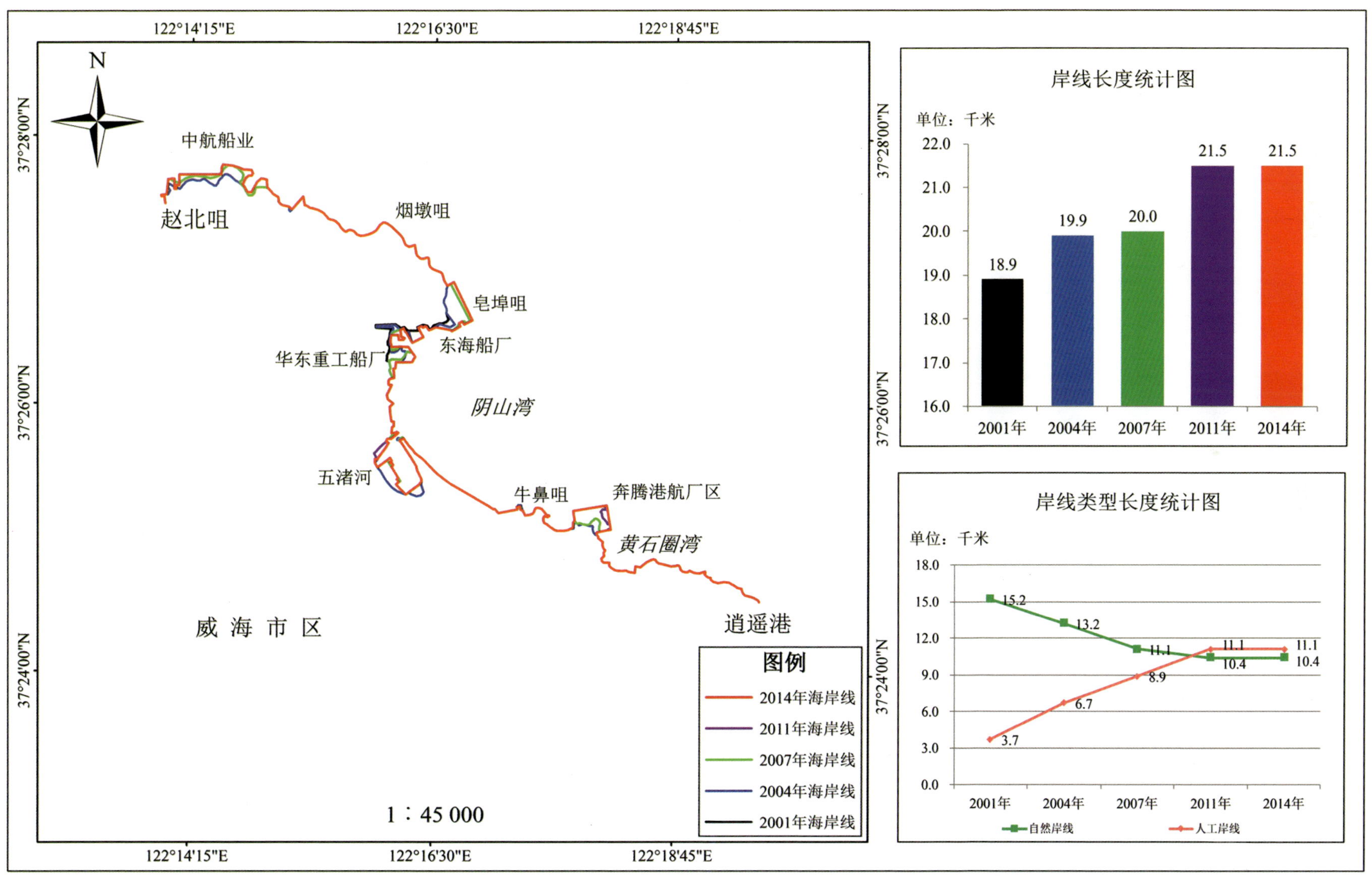
赵北咀至逍遥港2001～2014年海岸线变迁图
122°14'15"E
122°16'30"E
122°18'45"E
37°28'00"N
37°26'00"N
37°24'00"N
N
中航船业
赵北咀
烟墩咀
皂埠咀
东海船厂
华东重工船厂
阴山湾
五渚河
牛鼻咀
奔腾港航厂区
黄石圈湾
威 海 市 区
逍遥港
图例
2014年海岸线
2011年海岸线
2007年海岸线
2004年海岸线
2001年海岸线
1：45 000
岸线长度统计图
单位：千米
22.0
21.0
20.0
19.0
18.0
17.0
16.0
18.9
19.9
20.0
21.5
21.5
2001年
2004年
2007年
2011年
2014年
岸线类型长度统计图
单位：千米
18.0
15.0
12.0
9.0
6.0
3.0
0.0
15.2
13.2
11.1
10.4
10.4
3.7
6.7
8.9
11.1
11.1
2001年
2004年
2007年
2011年
2014年
自然岸线
人工岸线

2001年、2004年赵北咀至逍遥港段海岸线变迁对比图

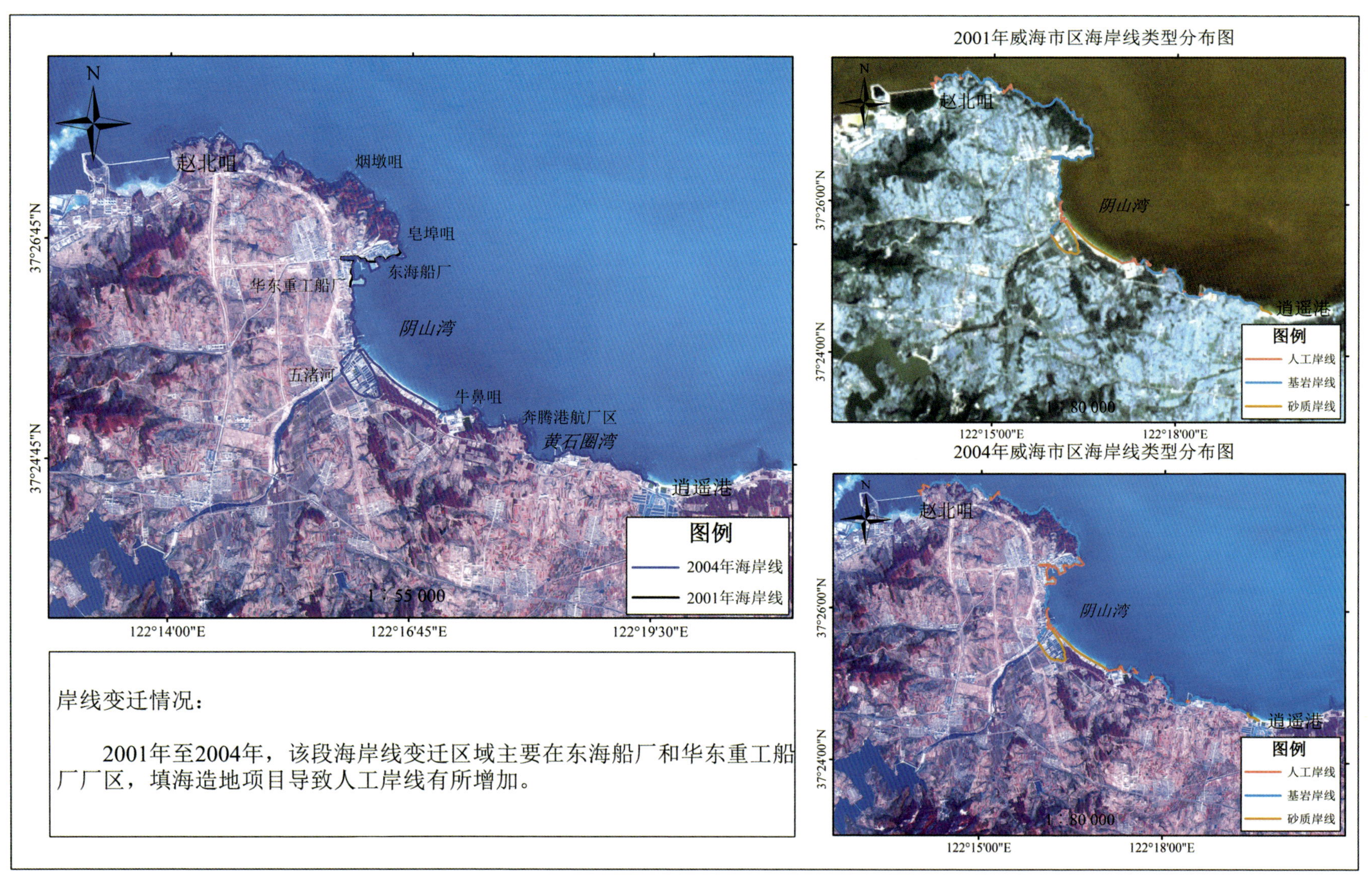

岸线变迁情况：

2001年至2004年，该段海岸线变迁区域主要在东海船厂和华东重工船厂厂区，填海造地项目导致人工岸线有所增加。

2004年、2007年赵北咀至逍遥港段海岸线变迁对比图

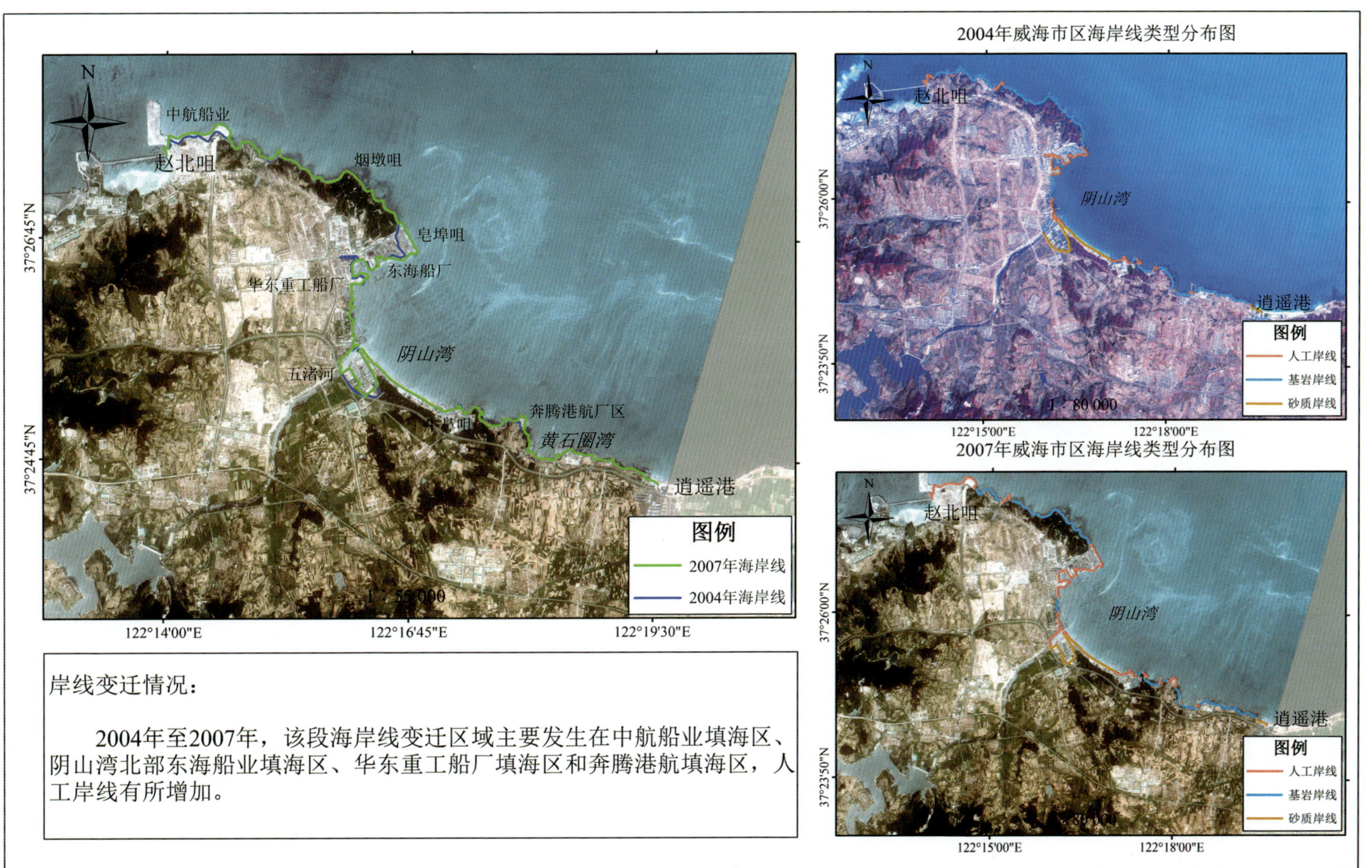

岸线变迁情况：

2004年至2007年，该段海岸线变迁区域主要发生在中航船业填海区、阴山湾北部东海船业填海区、华东重工船厂填海区和奔腾港航填海区，人工岸线有所增加。

2007年、2011年赵北咀至逍遥港段海岸线变迁对比图

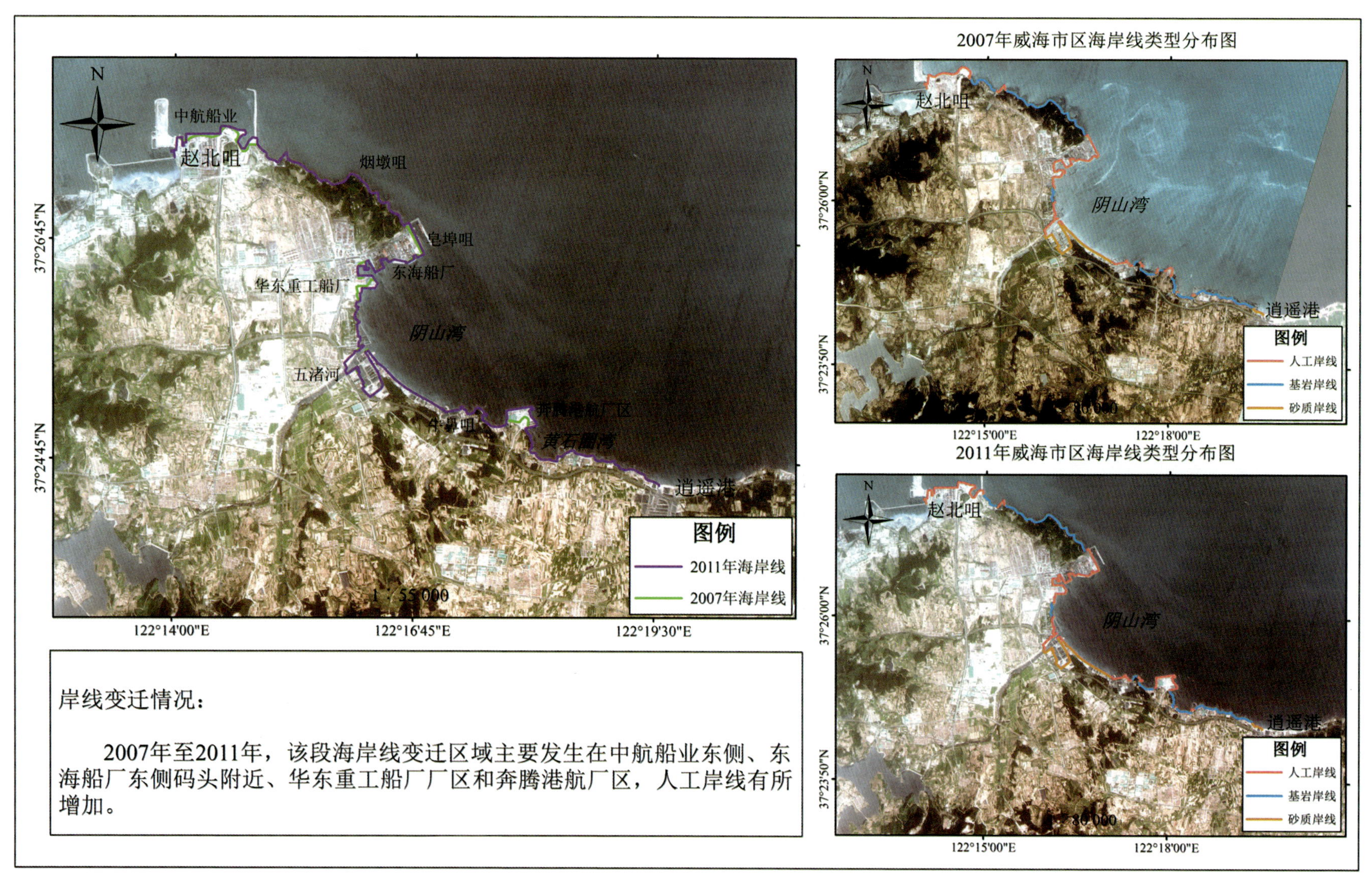

岸线变迁情况：

2007年至2011年，该段海岸线变迁区域主要发生在中航船业东侧、东海船厂东侧码头附近、华东重工船厂厂区和奔腾港航厂区，人工岸线有所增加。

2011年、2014年赵北咀至逍遥港段海岸线变迁对比图

2014年赵北咀至逍遥港状况图

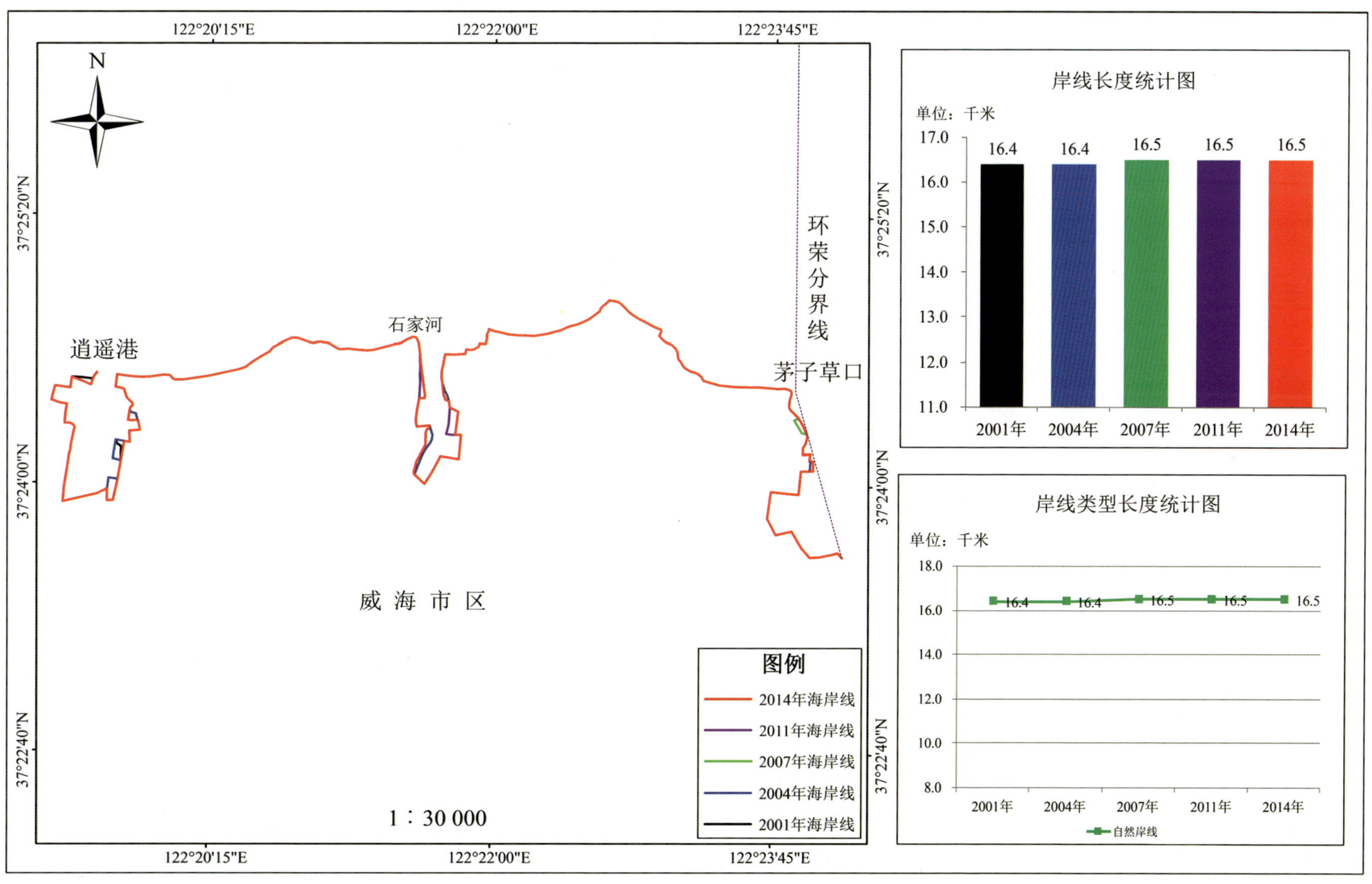
逍遥港至茅子草口2001～2014年海岸线变迁图
122°20'15"E
122°22'00"E
122°23'45"E
37°25'20"N
37°24'00"N
37°22'40"N
N
逍遥港
石家河
环荣分界线
茅子草口
威 海 市 区
图例
2014年海岸线
2011年海岸线
2007年海岸线
2004年海岸线
2001年海岸线
1∶30 000
岸线长度统计图
单位：千米
17.0
16.0
15.0
14.0
13.0
12.0
11.0
16.4
16.4
16.5
16.5
16.5
2001年
2004年
2007年
2011年
2014年
岸线类型长度统计图
单位：千米
18.0
16.0
14.0
12.0
10.0
8.0
16.4
16.4
16.5
16.5
16.5
2001年
2004年
2007年
2011年
2014年
自然岸线

2001年、2004年逍遥港至茅子草口段海岸线变迁对比图

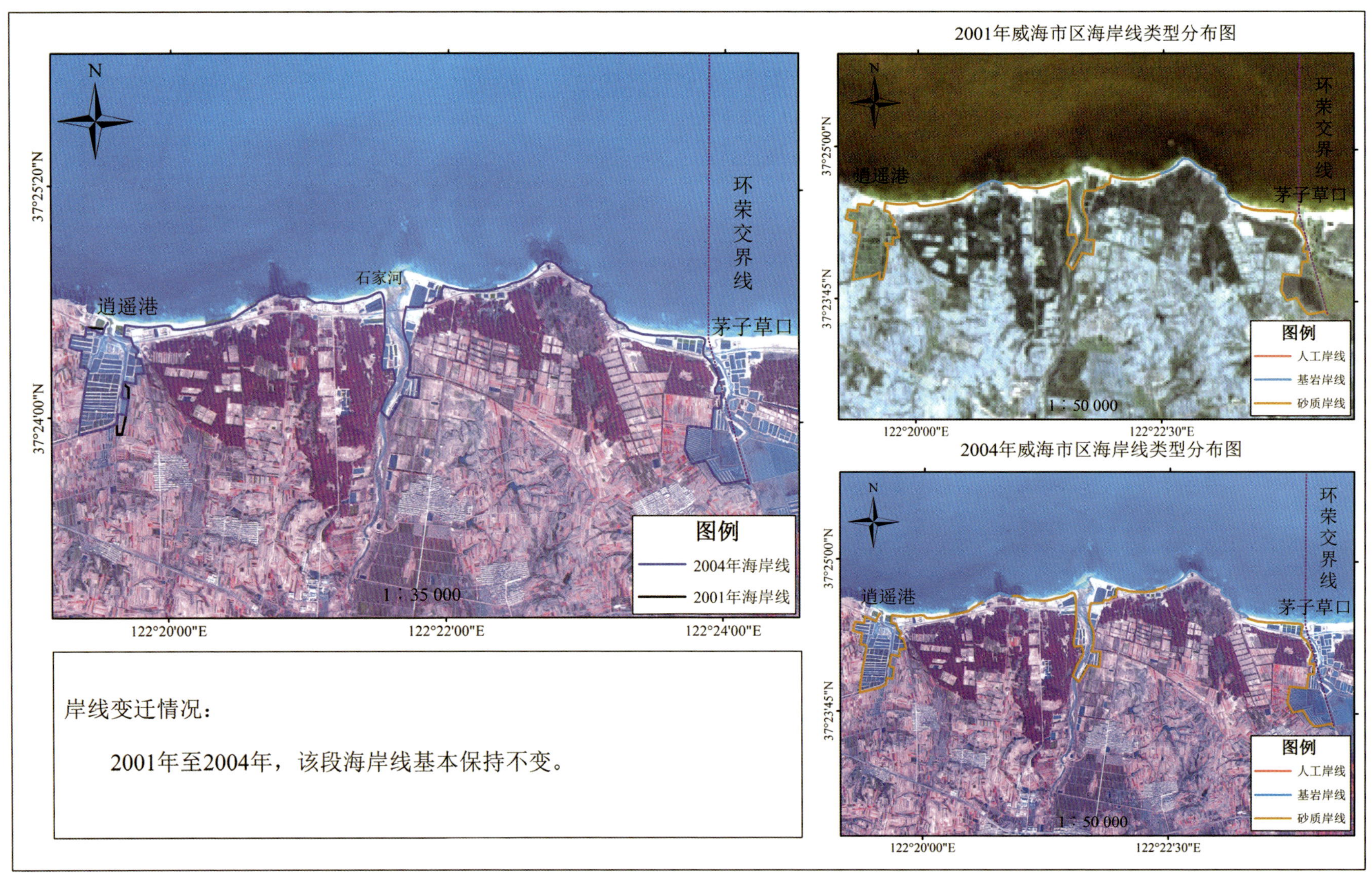

岸线变迁情况：

2001年至2004年，该段海岸线基本保持不变。

2004年、2007年逍遥港至茅子草口段海岸线变迁对比图

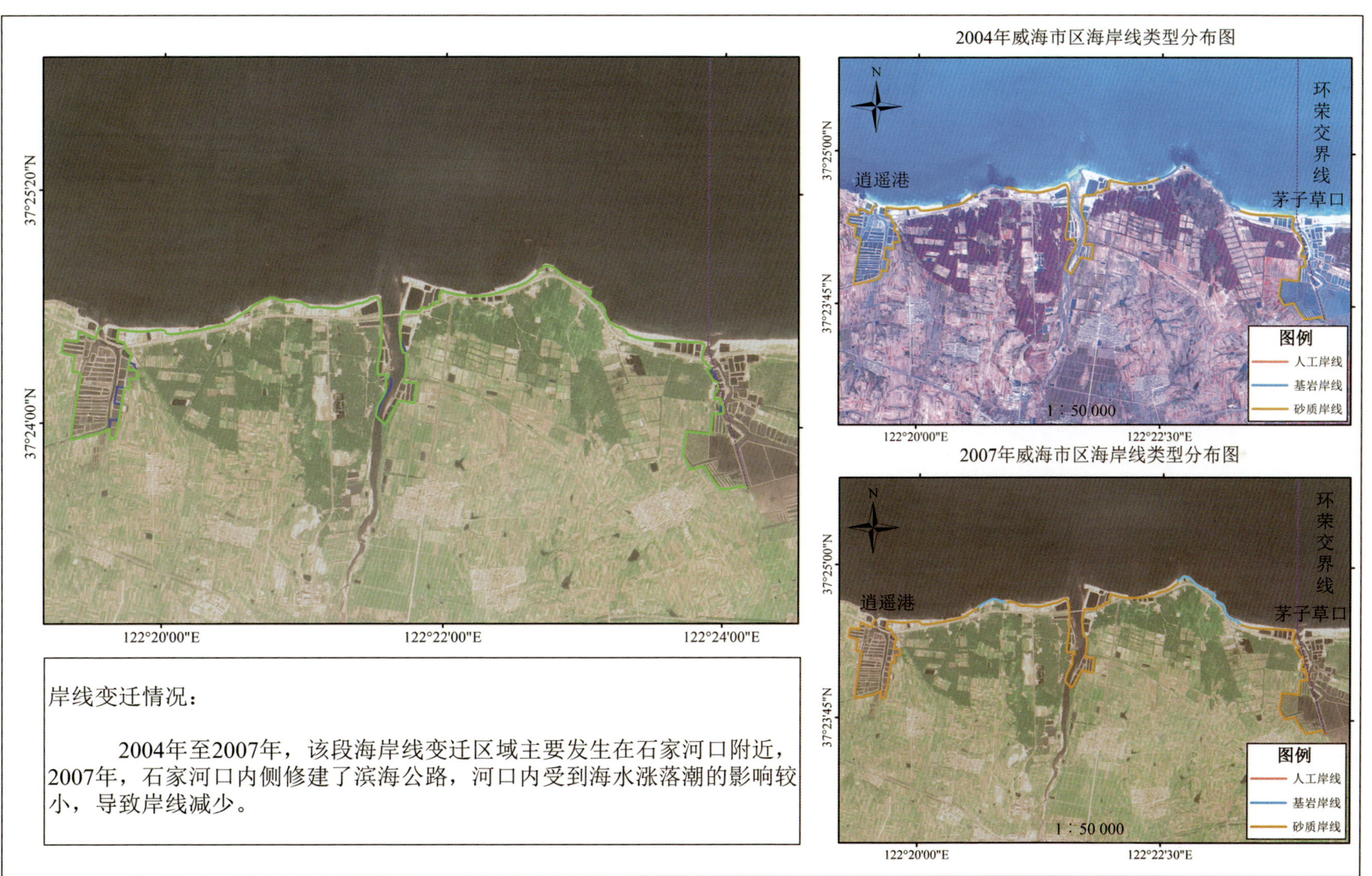

岸线变迁情况：

2004年至2007年，该段海岸线变迁区域主要发生在石家河口附近，2007年，石家河口内侧修建了滨海公路，河口内受到海水涨落潮的影响较小，导致岸线减少。

2007年、2011年逍遥港至茅子草口段海岸线变迁对比图

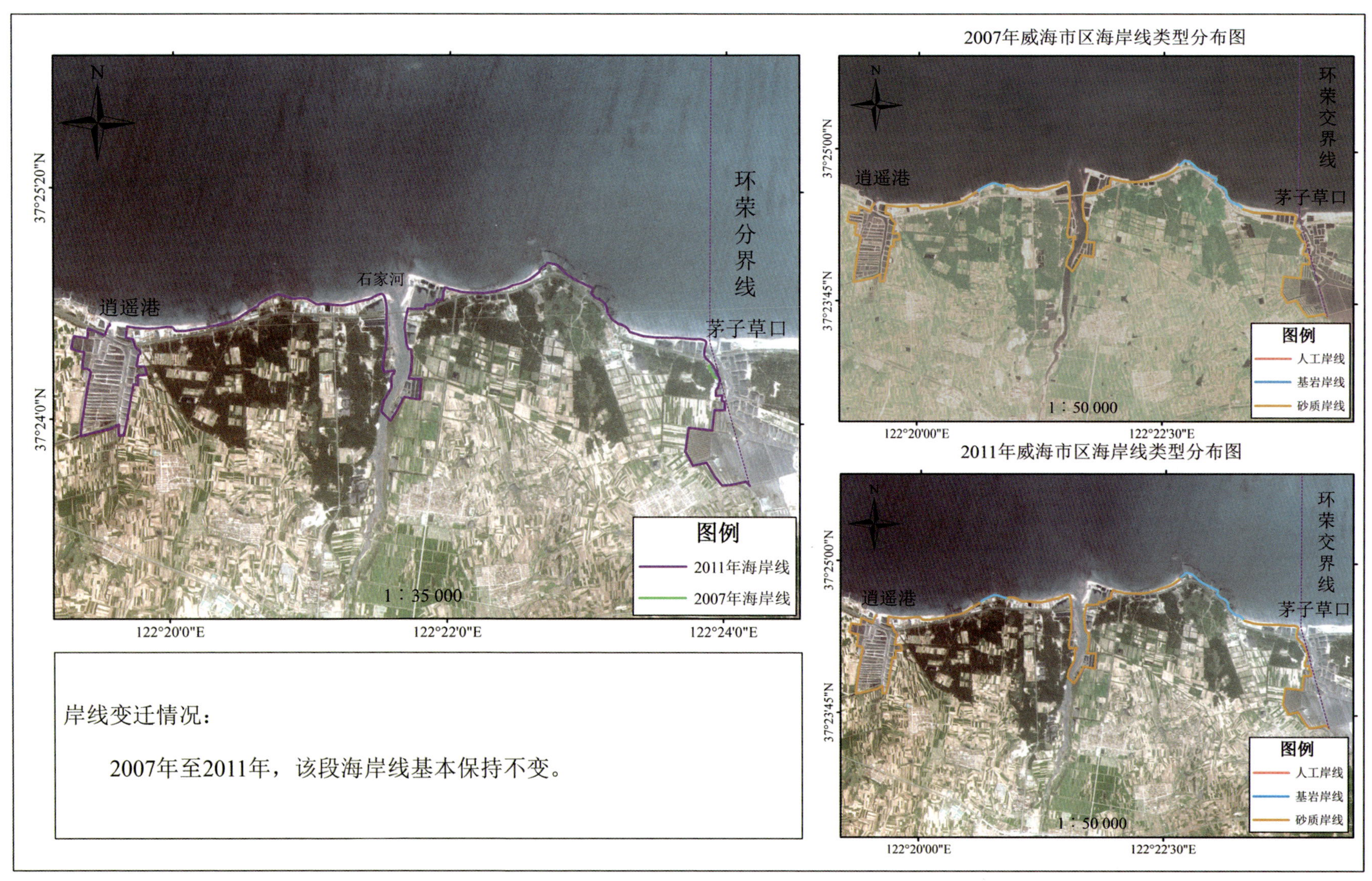

岸线变迁情况：

2007年至2011年，该段海岸线基本保持不变。

2011年、2014年逍遥港至茅子草口段海岸线变迁对比图

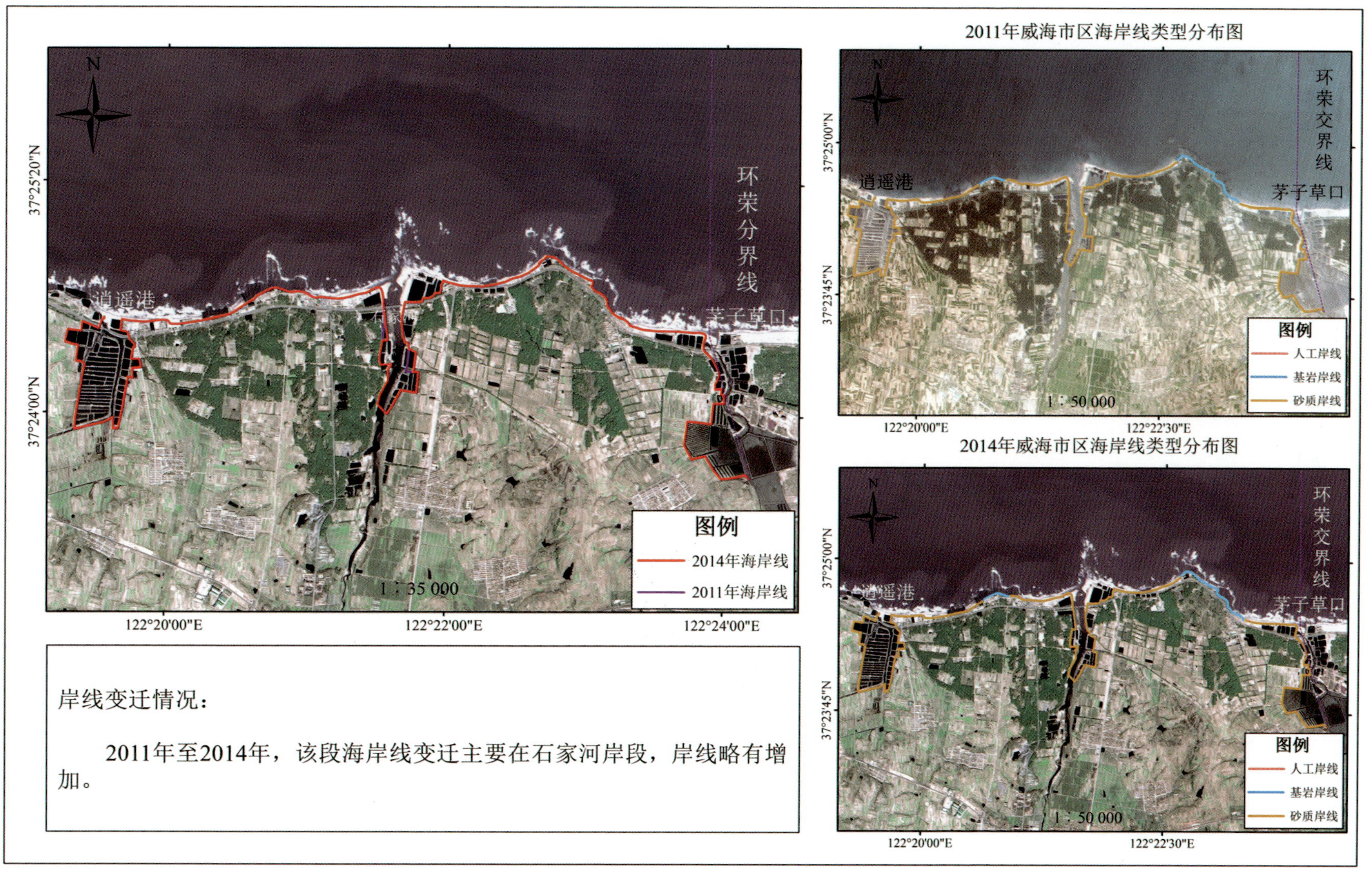

2014年逍遥港至茅子草口状况图

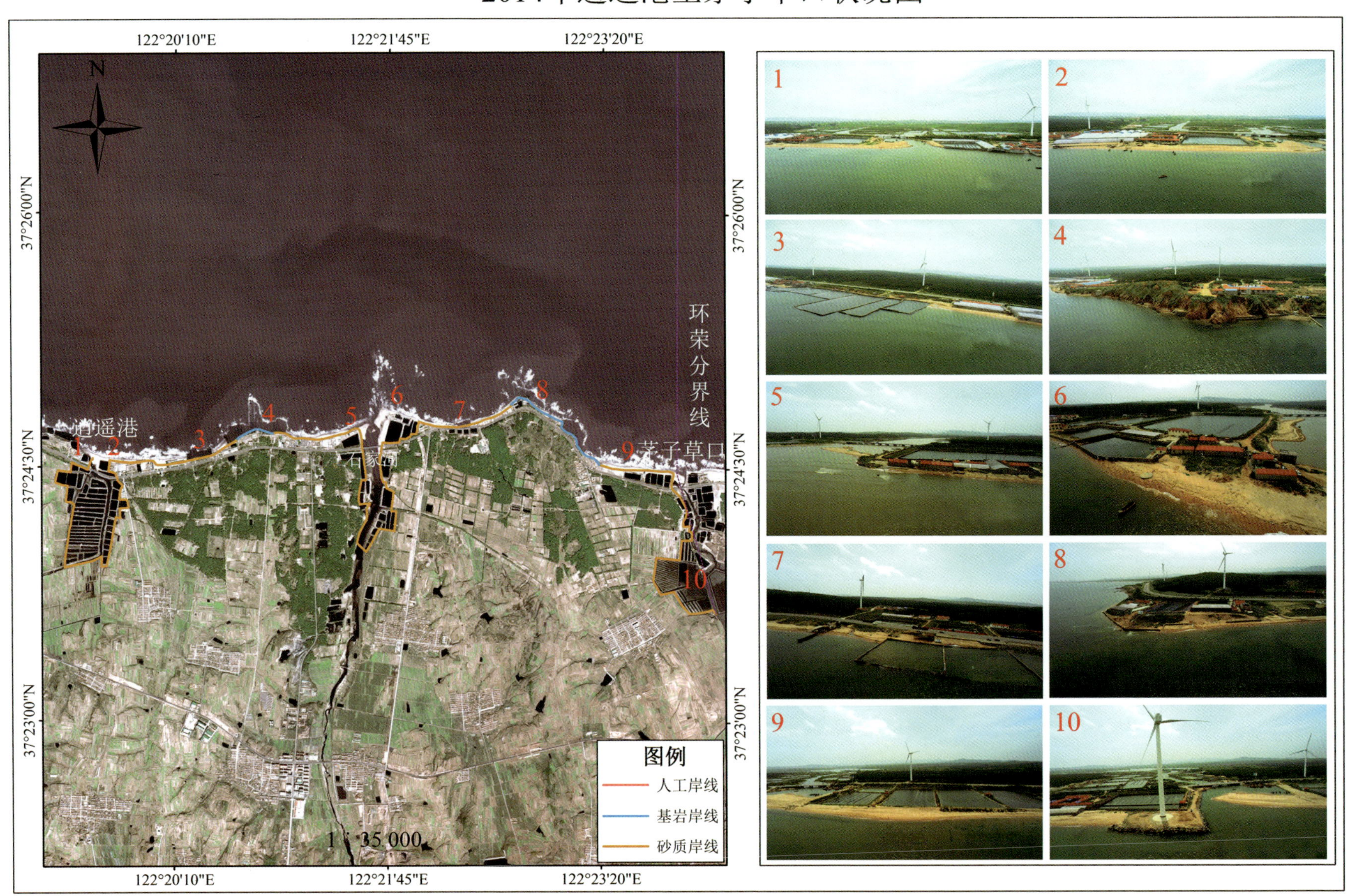

1.2 潮间带资源

潮间带：介于平均高潮位与平均低潮位之间的地带，具体指海岸线与低潮线之间的地带。我国近海海洋综合调查与评价专项(908 专项)将山东省潮间带分为岩石滩、砂泥混合滩、沙滩、淤泥滩、盐蒿滩和芦苇滩几种类型。

威海市区潮间带类型分布图

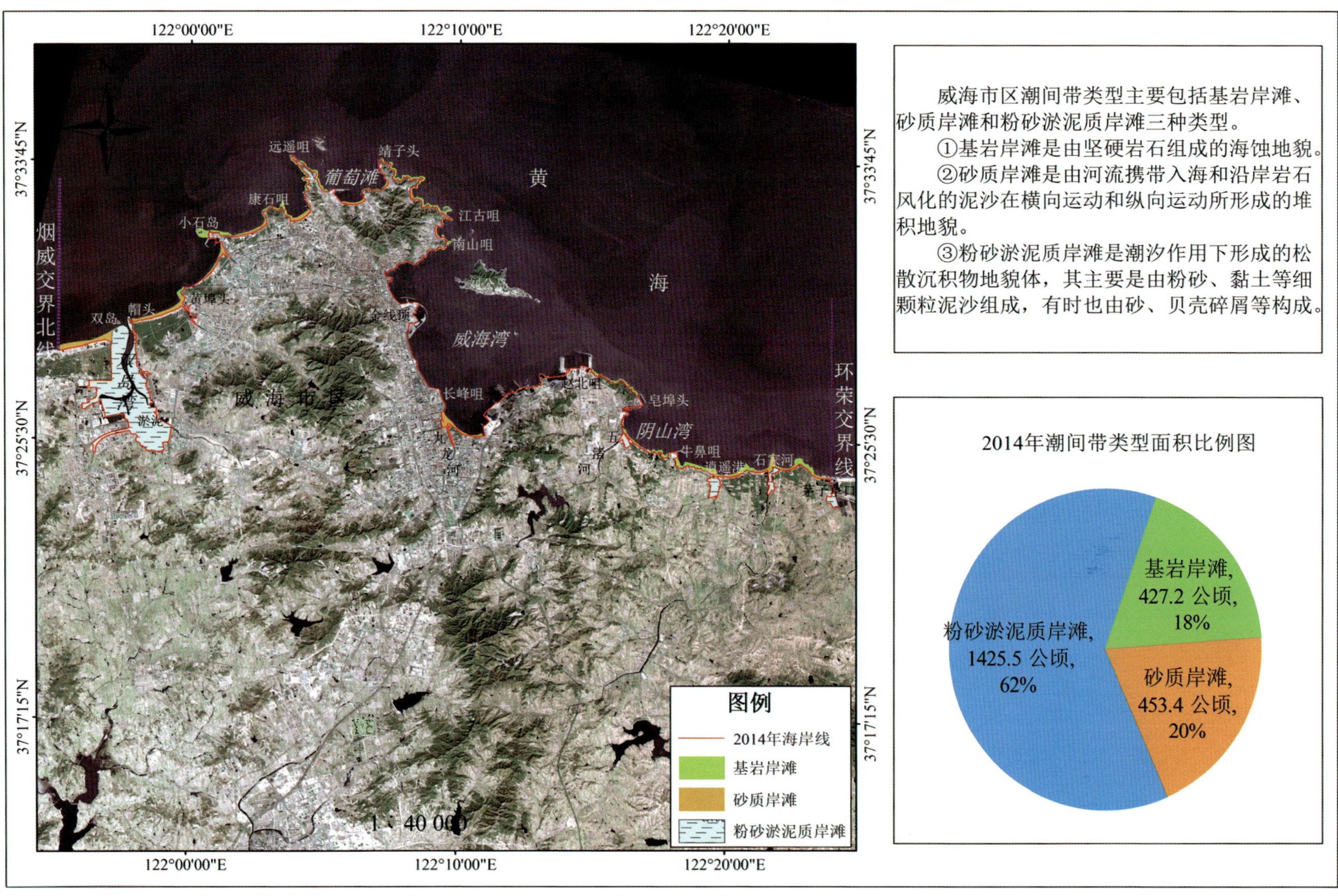

威海市区潮间带类型主要包括基岩岸滩、砂质岸滩和粉砂淤泥质岸滩三种类型。

①基岩岸滩是由坚硬岩石组成的海蚀地貌。

②砂质岸滩是由河流携带入海和沿岸岩石风化的泥沙在横向运动和纵向运动所形成的堆积地貌。

③粉砂淤泥质岸滩是潮汐作用下形成的松散沉积物地貌体，其主要是由粉砂、黏土等细颗粒泥沙组成，有时也由砂、贝壳碎屑等构成。

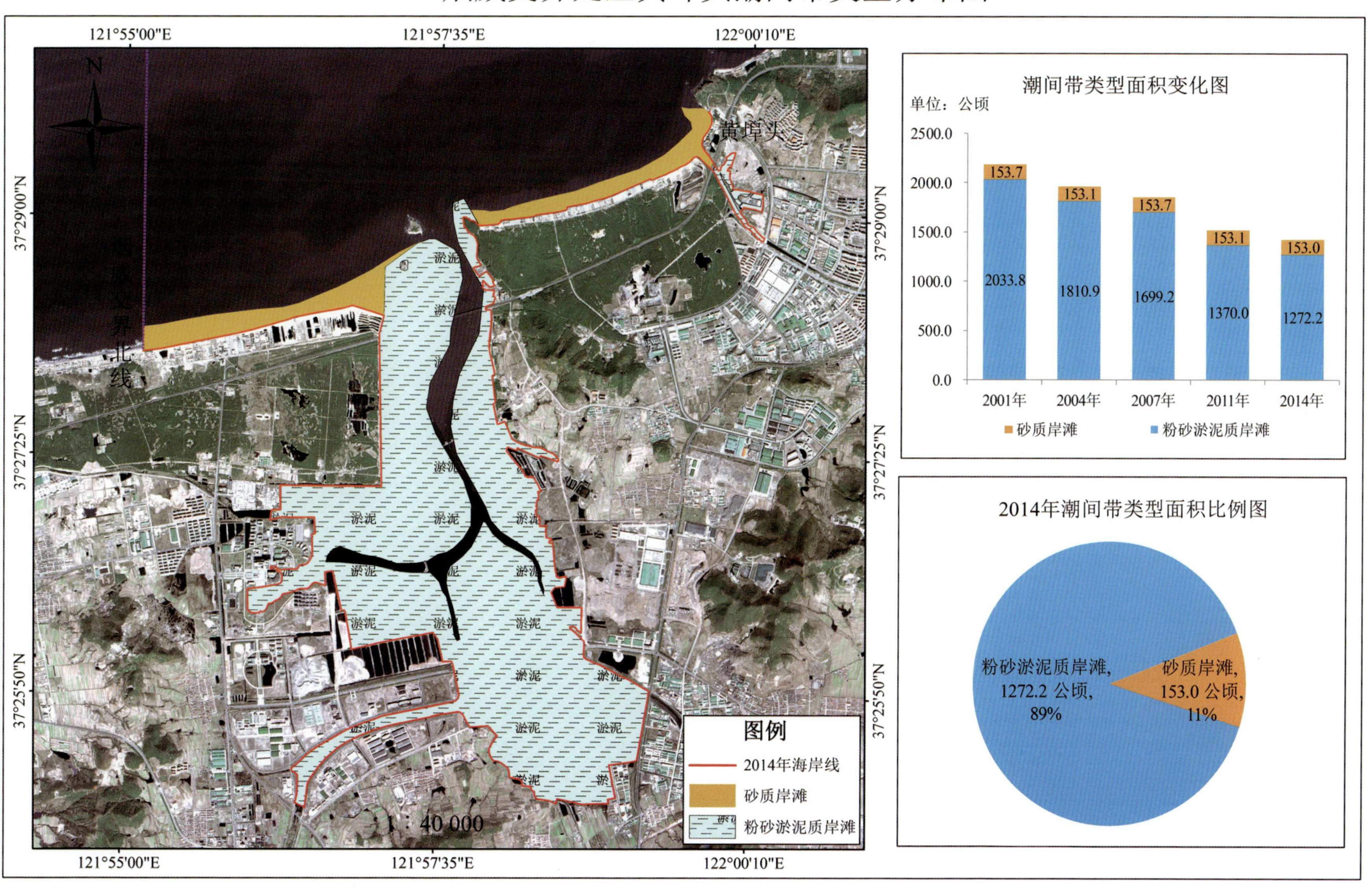
烟威交界处至黄埠头潮间带类型分布图
121°55'00"E
121°57'35"E
122°00'10"E
37°29'00"N
37°27'25"N
37°25'50"N
N
黄埠头
烟威交界北线
淤泥
图例
2014年海岸线
砂质岸滩
粉砂淤泥质岸滩
1 : 40 000
潮间带类型面积变化图
单位：公顷
2500.0
2000.0
1500.0
1000.0
500.0
0.0
153.7
2033.8
153.1
1810.9
153.7
1699.2
153.1
1370.0
153.0
1272.2
2001年
2004年
2007年
2011年
2014年
砂质岸滩
粉砂淤泥质岸滩
2014年潮间带类型面积比例图
粉砂淤泥质岸滩，1272.2 公顷，89%
砂质岸滩，153.0 公顷，11%

黄埠头至中心渔港潮间带类型分布图

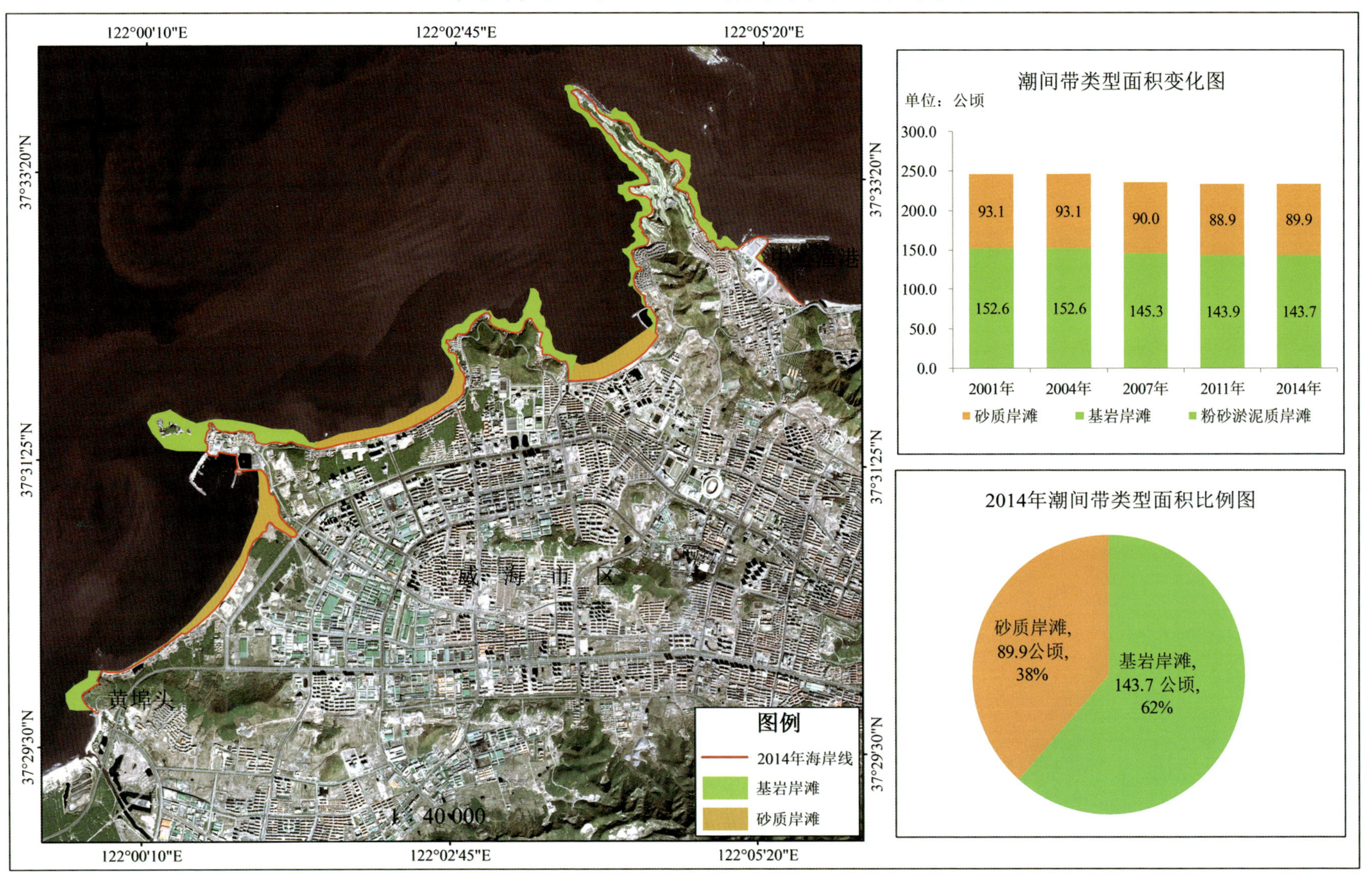

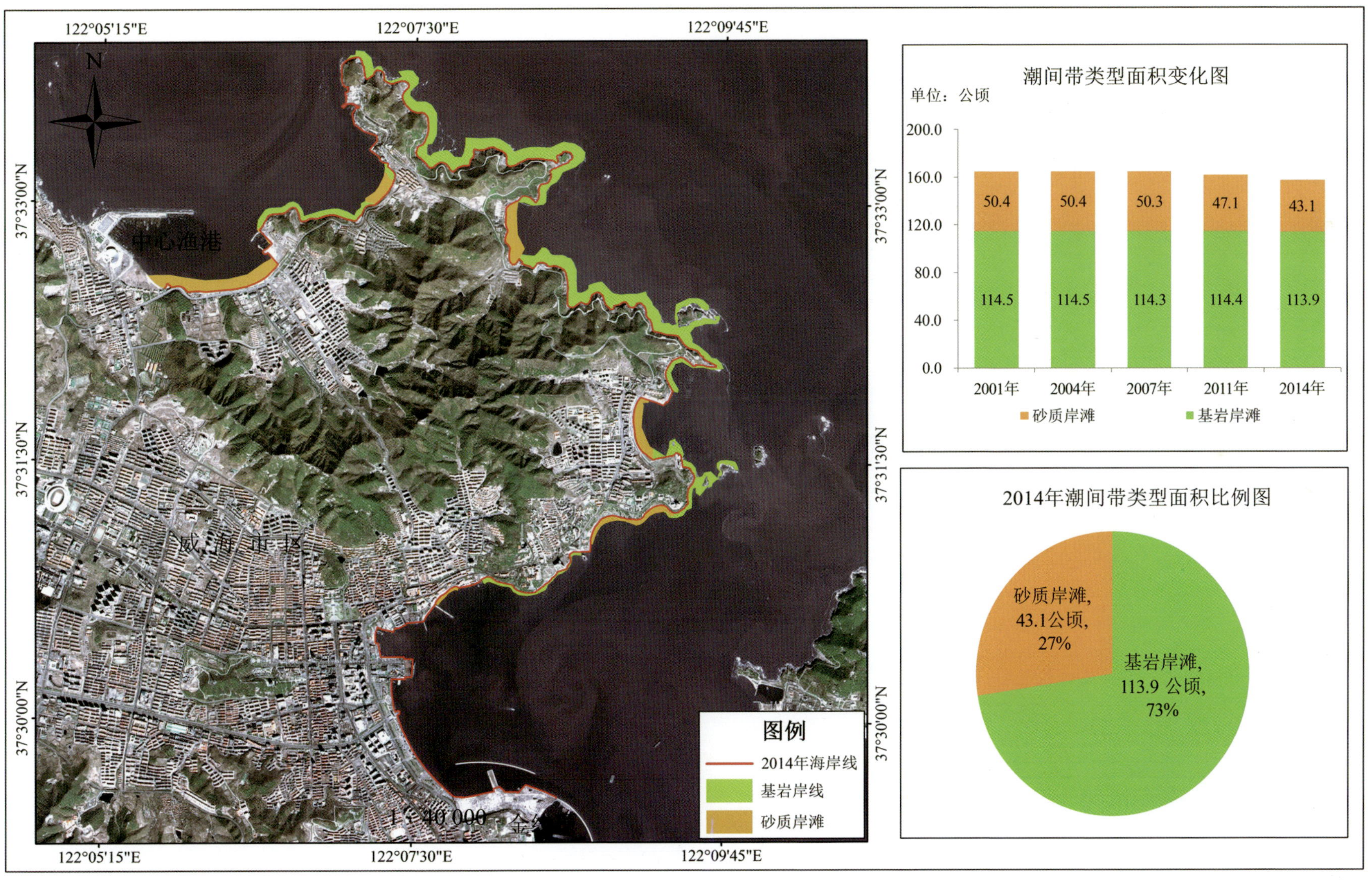
中心渔港至金线顶潮间带类型分布图
122°05'15"E
122°07'30"E
122°09'45"E
37°33'00"N
37°31'30"N
37°30'00"N
N
中心渔港
威海市区
1：40 000
图例
2014年海岸线
基岩岸线
砂质岸滩
潮间带类型面积变化图
单位：公顷
200.0
160.0
120.0
80.0
40.0
0.0
50.4
50.4
50.3
47.1
43.1
114.5
114.5
114.3
114.4
113.9
2001年
2004年
2007年
2011年
2014年
砂质岸滩
基岩岸滩
2014年潮间带类型面积比例图
砂质岸滩，43.1公顷，27%
基岩岸滩，113.9 公顷，73%

金线顶至赵北咀潮间带类型分布图

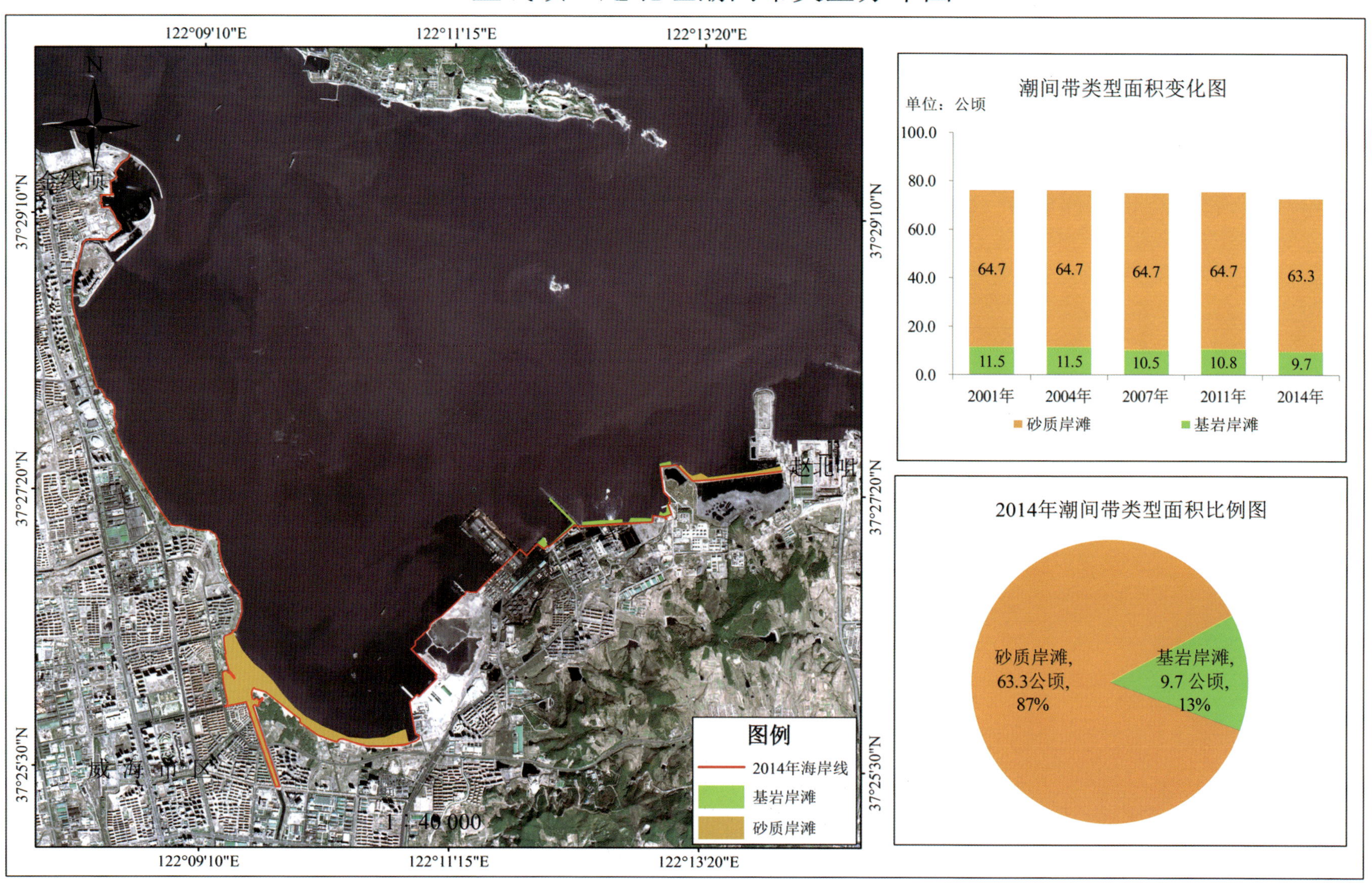

赵北咀至逍遥港潮间带类型分布图

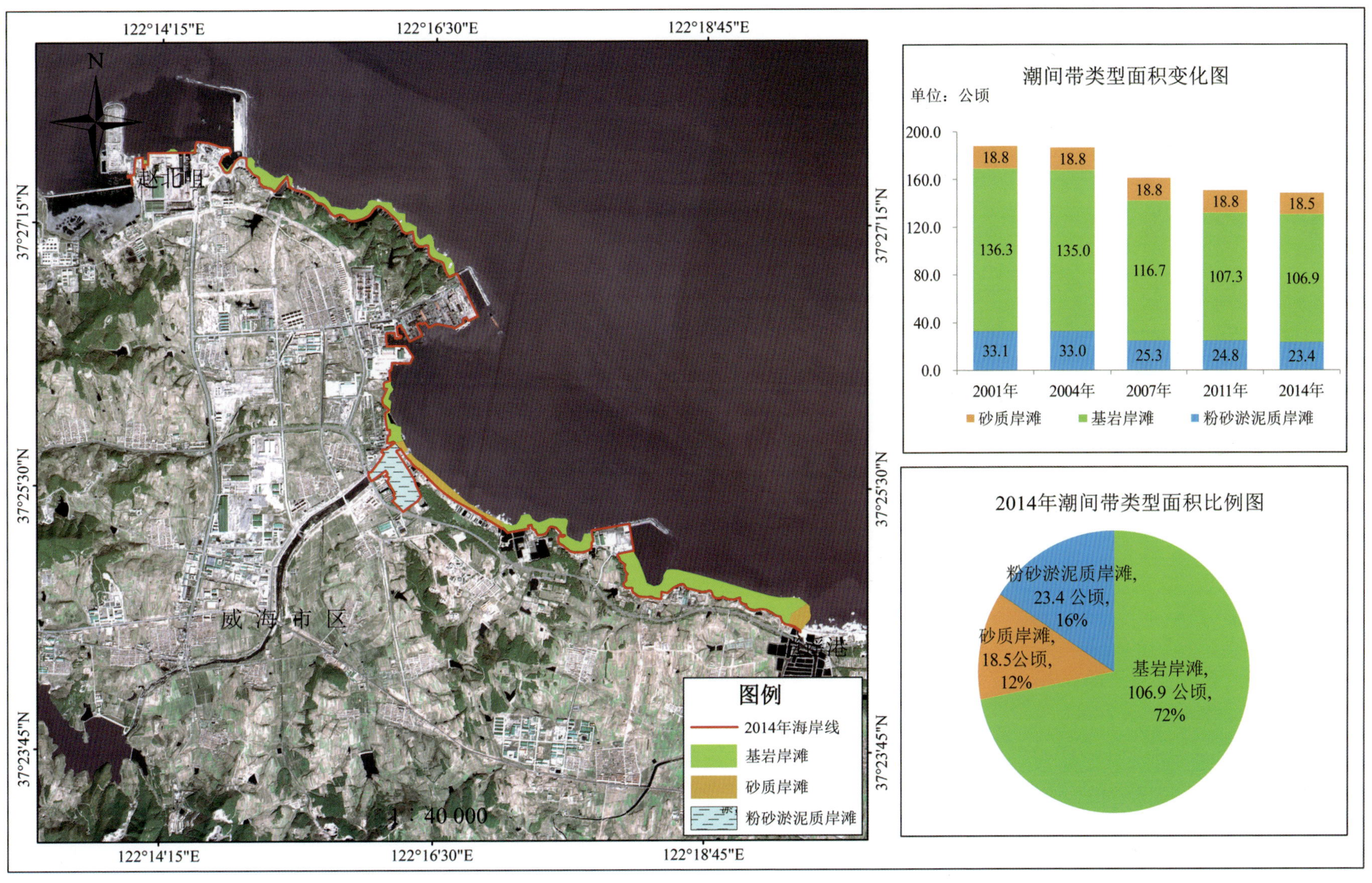

逍遥港至茅子草口潮间带类型分布图

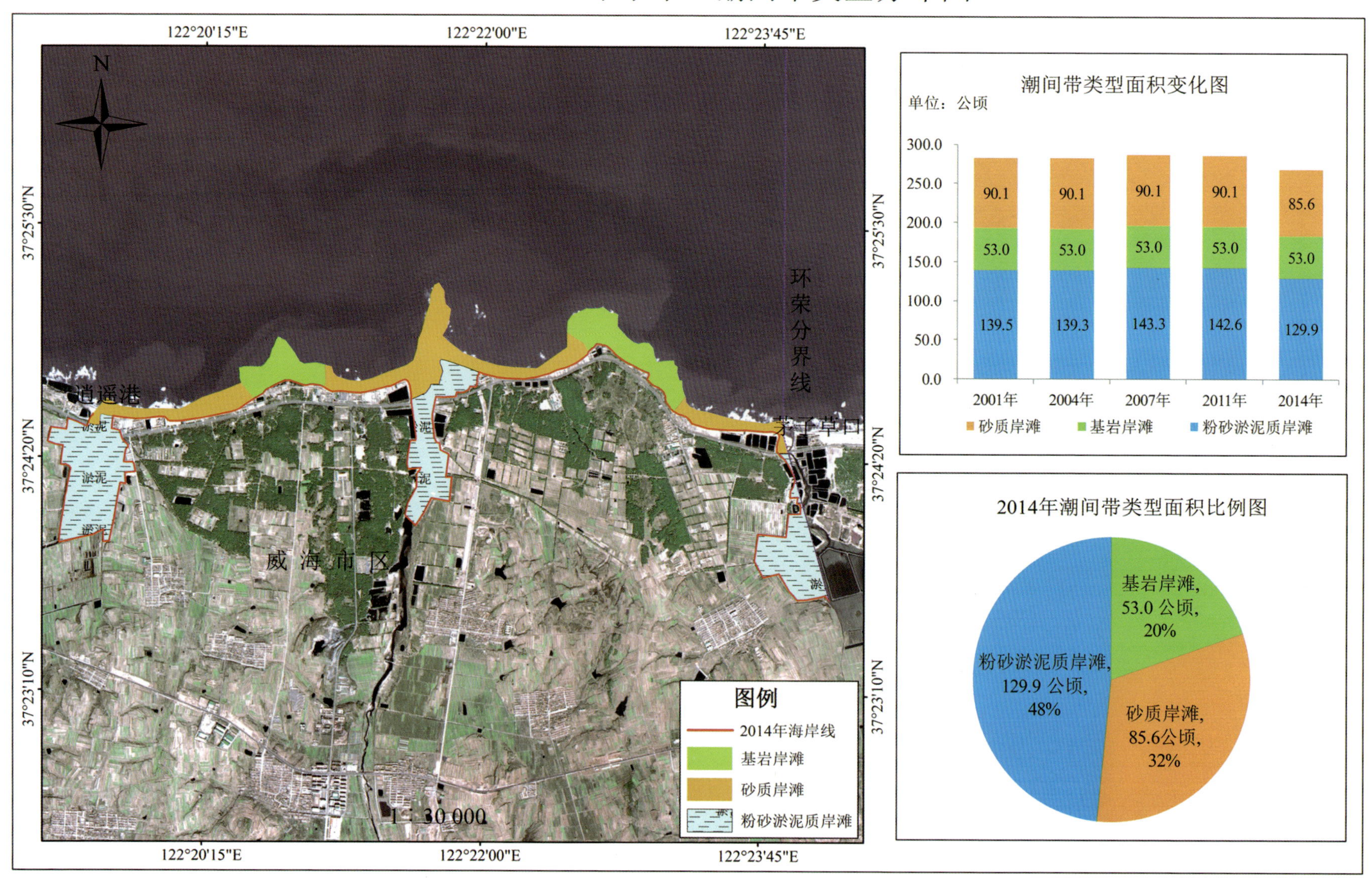

1.3 水深资源

水深：水面点至水底的垂直距离。近岸海域水深资源数据是进行海水养殖、港口、航道及配套设施建设的重要基础数据。

威海市区近岸海域水深分布图

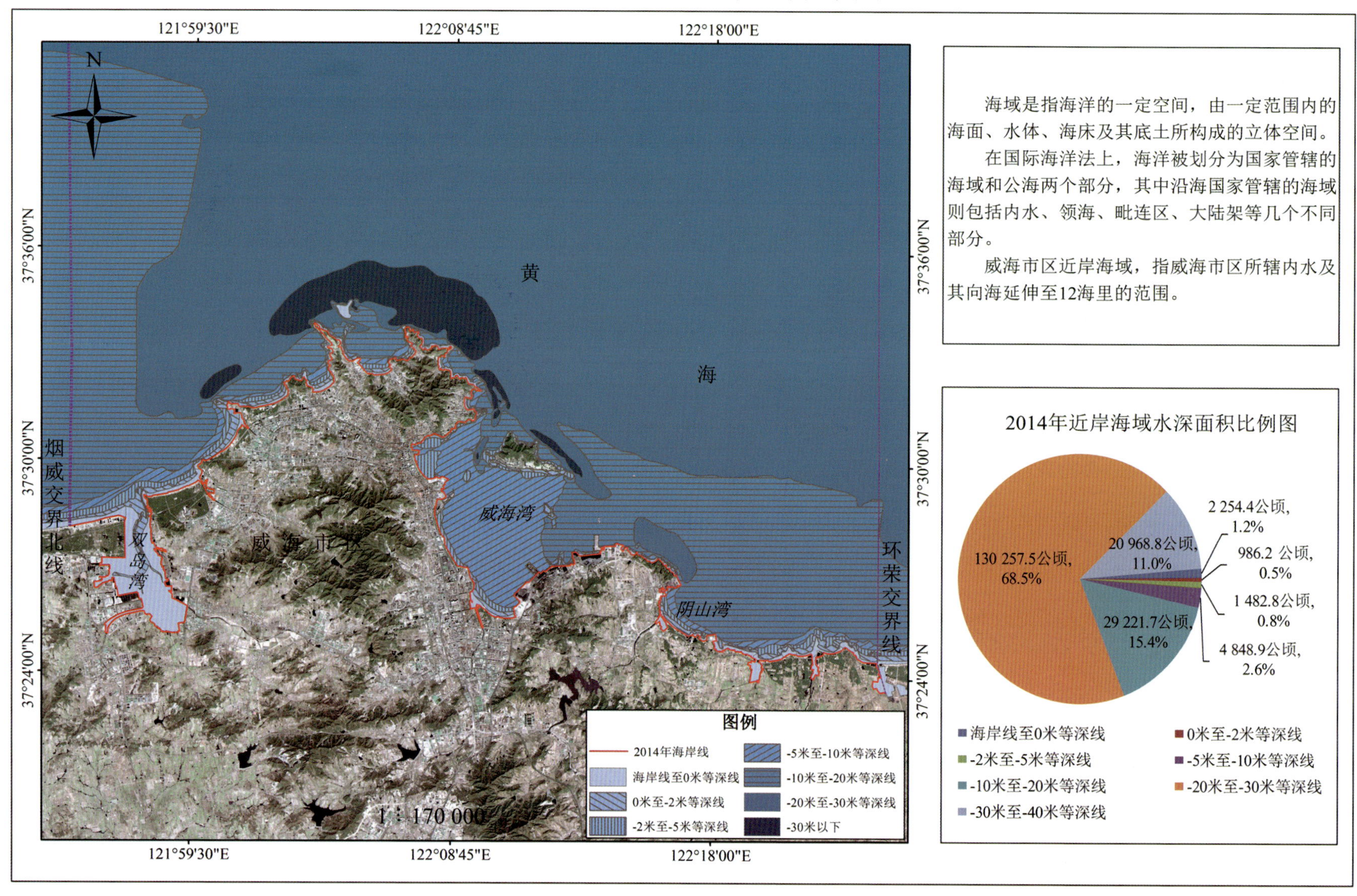

海域是指海洋的一定空间，由一定范围内的海面、水体、海床及其底土所构成的立体空间。

在国际海洋法上，海洋被划分为国家管辖的海域和公海两个部分，其中沿海国家管辖的海域则包括内水、领海、毗连区、大陆架等几个不同部分。

威海市区近岸海域，指威海市区所辖内水及其向海延伸至12海里的范围。

1.4 海岛资源

海岛：位于海洋、河口中，并且四面环水的陆地。较大者称"岛"，特别小的称"屿"或"礁"。

威海市区500平方米以上海岛分布图

威海市海岛与礁石众多，市区面积在500平方米以上的海岛19个，其中有居民岛1个，岛岸线总长25.79千米，总面积3.59平方千米。威海市区最大海岛为刘公岛，面积为3.15平方千米，海拔最高为153.5米，周围海底沉积物主要为粉砂质砂、砾石等，岛屿周围为砂砾分布区和岩礁区，水质肥沃，海藻丛生。海岛土壤一般为棕壤，植被覆盖率在40%左右，主要为黑松、刺槐等。

刘公岛

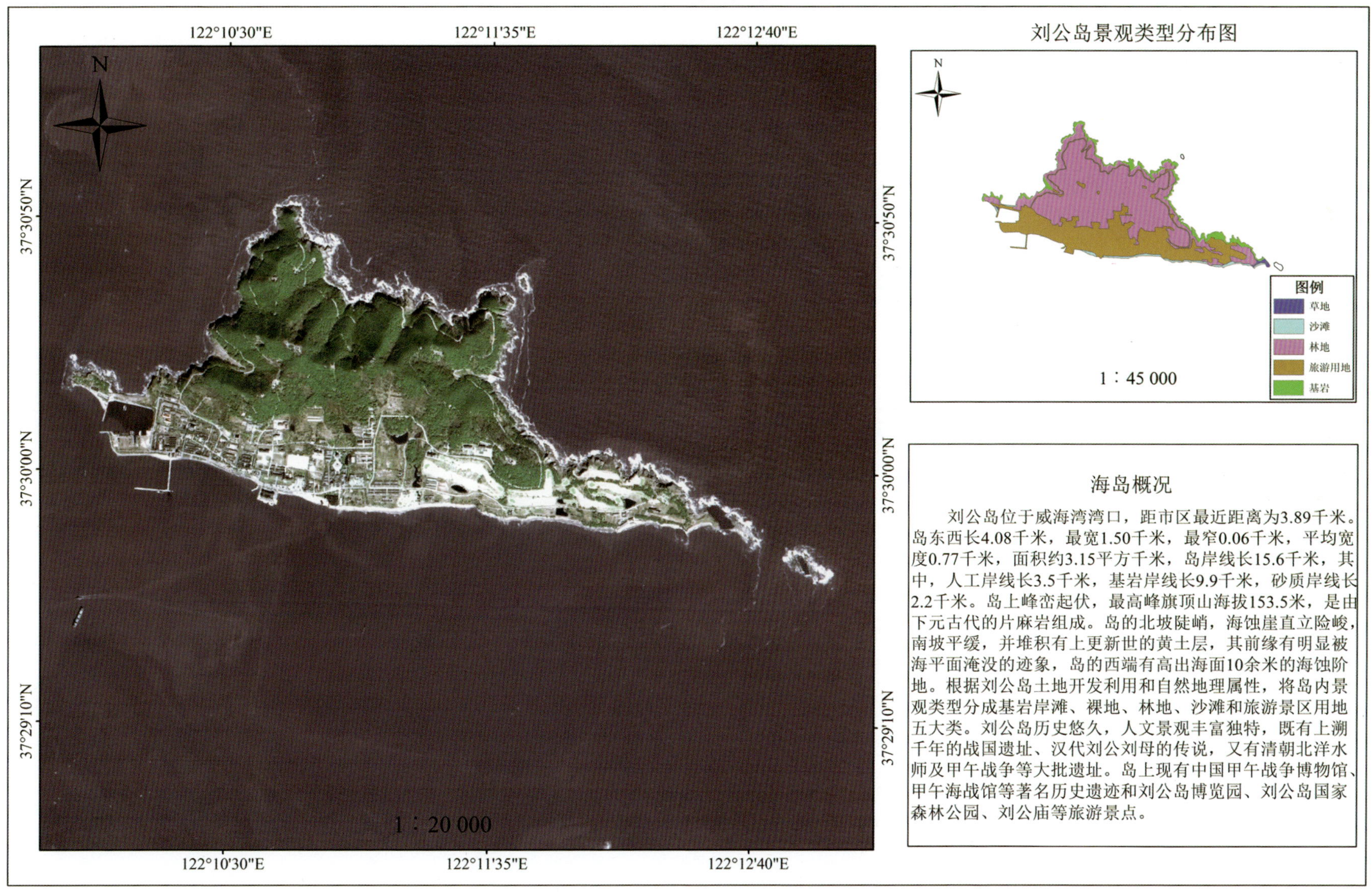

海岛概况

刘公岛位于威海湾湾口，距市区最近距离为3.89千米。岛东西长4.08千米，最宽1.50千米，最窄0.06千米，平均宽度0.77千米，面积约3.15平方千米，岛岸线长15.6千米，其中，人工岸线长3.5千米，基岩岸线长9.9千米，砂质岸线长2.2千米。岛上峰峦起伏，最高峰旗顶山海拔153.5米，是由下元古代的片麻岩组成。岛的北坡陡峭，海蚀崖直立险峻，南坡平缓，并堆积有上更新世的黄土层，其前缘有明显被海平面淹没的迹象，岛的西端有高出海面10余米的海蚀阶地。根据刘公岛土地开发利用和自然地理属性，将岛内景观类型分成基岩岸滩、裸地、林地、沙滩和旅游景区用地五大类。刘公岛历史悠久，人文景观丰富独特，既有上溯千年的战国遗址、汉代刘公刘母的传说，又有清朝北洋水师及甲午战争等大批遗址。岛上现有中国甲午战争博物馆、甲午海战馆等著名历史遗迹和刘公岛博览园、刘公岛国家森林公园、刘公庙等旅游景点。

褚岛

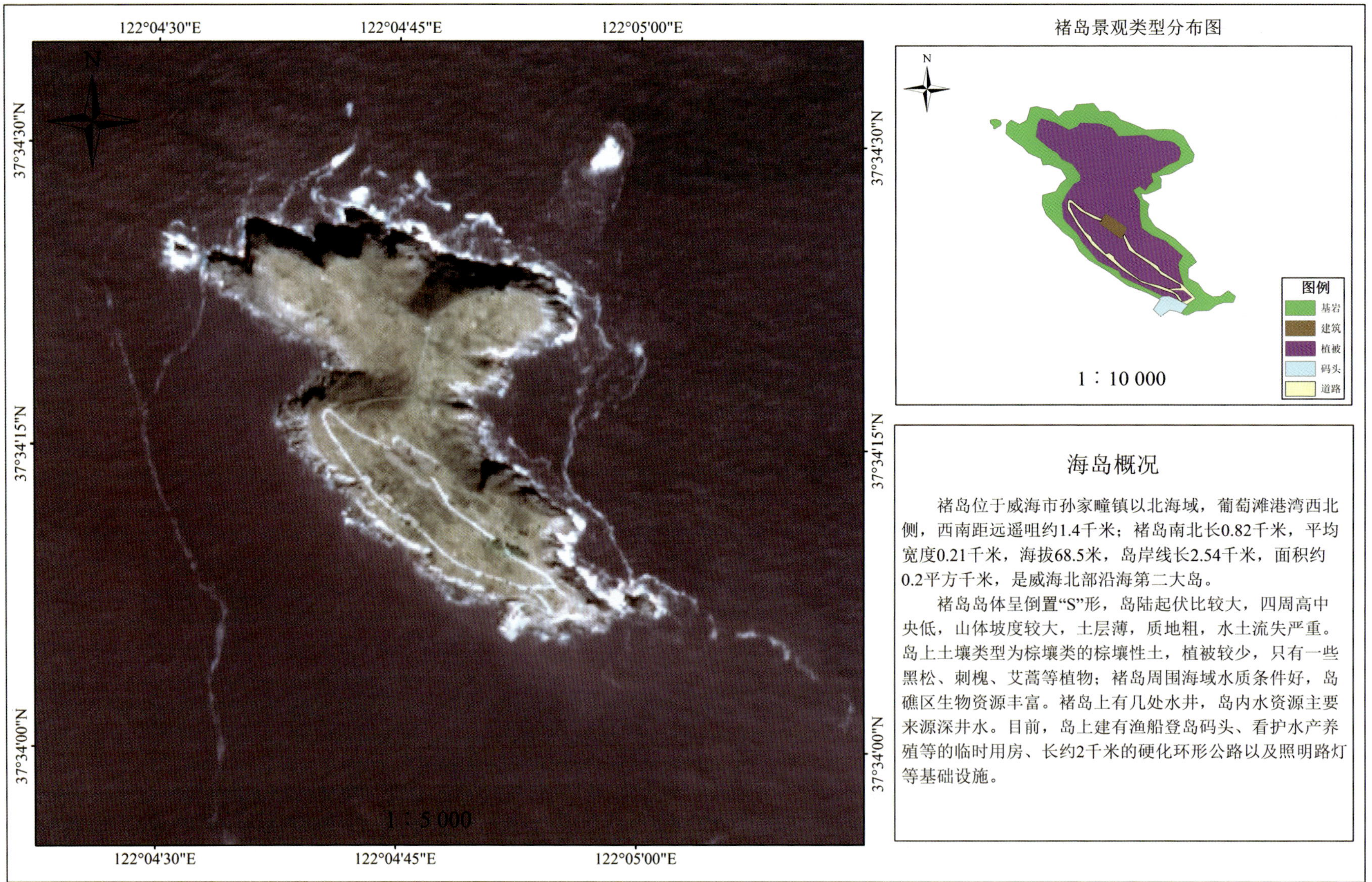

海岛概况

褚岛位于威海市孙家疃镇以北海域，葡萄滩港湾西北侧，西南距远遥咀约1.4千米；褚岛南北长0.82千米，平均宽度0.21千米，海拔68.5米，岛岸线长2.54千米，面积约0.2平方千米，是威海北部沿海第二大岛。

褚岛岛体呈倒置"S"形，岛陆起伏比较大，四周高中央低，山体坡度较大，土层薄，质地粗，水土流失严重。岛上土壤类型为棕壤类的棕壤性土，植被较少，只有一些黑松、刺槐、艾蒿等植物；褚岛周围海域水质条件好，岛礁区生物资源丰富。褚岛上有几处水井，岛内水资源主要来源深井水。目前，岛上建有渔船登岛码头、看护水产养殖等的临时用房、长约2千米的硬化环形公路以及照明路灯等基础设施。

大岛、小岛、小牙石岛、黄埠岛

大岛、小岛位于环翠区张村镇双岛大桥北侧，两岛并列，故称双岛。大岛的形状呈方形，顶部比较平坦，东西两侧较陡，高潮间带岩滩宽度东侧大，延伸远，南、北、西三个方向较小。岛上基岩裸露，植被不多，有少量松树，覆盖率约20%。岛面积为0.02平方千米，岸线长为0.6千米，距陆地0.25千米。

小岛位于大岛南面约348米处，岛的形状呈方椭圆形，长轴南北向，地形南边陡、北边缓，有大片岩石出露，潮间带宽度北边和东边大，西边和南边小。小岛植被覆盖率约为30%，有少量松树和较多的草本植物。岛屿附近海域有养殖区，周围生态环境良好，为无居民岛屿。岛面积为0.01平方千米，岸线长为0.5千米，属于人工陆连岛。

小牙石岛位于威海影视文化城外，岛上基岩裸露，无土壤与植被。海岛周围有养殖区，生态环境良好，为无居民海岛。小牙石岛面积为0.0006平方千米，岸线长为0.15千米，距陆地0.19千米。

黄埠岛位于威海影视文化城外，与小牙石岛相聚494米，岛上的自然情况与资源和小牙石岛相同，均为裸露基岩，无土壤无植被。黄埠岛面积为0.0025平方千米，海岛岸线长为0.18千米，距陆地0.19千米。

西小石岛、东小石岛、海龙石岛、黑岛

西小石岛地形较陡，最高点海拔31.4米，北坡坡度大，南坡稍缓，岛的四周海蚀崖比较发育。海岛上植被较多，以松树为主，主要分布在岛的顶部，海岛周围有养殖区，生态环境良好，为无居民海岛。西小石岛面积为0.054平方千米，岸线长为0.99千米，距陆地0.33千米。

东小石岛与西小石岛相邻，为潮间岛连岛，低潮时可沿岩墙徒步登西小石岛。海岛上植被较多，以松树为主，主要分布在岛的顶部，海岛周围有养殖区，生态环境良好，为无居民海岛。东小石岛面积为0.0045平方千米，岸线长为0.29千米，距陆地0.30千米。

海龙石岛位于环翠区孙家疃镇柳树湾北侧，海岛面积为0.0006平方千米，岸线长0.18千米，距陆地0.31千米。其西北缘形成陡壁，向东南方向延伸逐渐变缓，岛上基岩裸露，无土壤和植被，海岛周围有养殖区，生态环境良好，为无居民海岛。岛屿功能定位为保留区。

黑岛位于环翠区孙家疃镇江古咀北，岛屿是由四个小丘组成，最高点海拔32.9米。海岛面积0.06平方千米，岸线长1.10千米，距陆地0.09千米。海岛植被覆盖率约30%，海岛周围有养殖区，生态环境良好，为无居民海岛。岛屿功能定位为旅游开发。

牙石岛、青岛、黄岛、连林岛

牙石岛位于孙家疃镇合庆湾南山咀东侧，面积0.007平方千米，岸线长0.15千米。该岛实际由三块礁石组成，一大两小，高潮分离，低潮相连，基岩裸露，无植被覆盖。岛上有灯塔一座，岛屿功能定位为景观旅游及导航标志。

青岛位于孙家疃镇合庆湾南山咀东侧，面积0.02平方千米，岸线长0.57千米。地形较陡，四周海蚀崖发育，最高点在岛的北部，海拔28.7米。岛上植被生长比较茂盛，覆盖率在50%以上，以草本植物为主，并有少量松树。岛屿功能定位为景观旅游。

黄岛位于孙家疃镇合庆湾南山咀东侧，面积0.016平方千米，岸线长0.43千米，距大陆最近点约1.26千米。岛上地形较陡，西边坡度大，东边小，树木不多，主要为草本植物，覆盖率在30%左右。岛屿功能定位为景观旅游。

连林岛位于孙家疃镇合庆湾南山咀东侧，面积0.0046平方千米，岸线长0.24千米，距大陆最近点约0.11千米。连林岛地形中间平坦，四周坡度较大，最高点海拔只有6.2米，植被不多，覆盖率只有20%。岛屿功能定位为景观旅游。

黑鱼岛、小泓岛、大泓岛、日岛

黑鱼岛位于刘公岛北侧，海岛面积为0.007平方千米，岸线长0.21千米，距陆地最近点3.44千米。海岛地形较陡，四周被海蚀崖所包围，最高点在海岛的中部，海拔约6.8米，岛上基岩裸露，无植被覆盖。岛屿功能定位为保留区。

小泓岛紧靠刘公岛，低潮时与刘公岛相连，面积为0.01平方千米，岸线长0.9千米，距陆地最近点4.17千米。岛上地形平坦，最高点海拔约8.3米，植物稀少，只有一些草本植物，覆盖率约10%。岛屿功能定位为保留区。

大泓岛位于刘公岛东南咀，面积0.018平方千米，岸线长为0.6千米，距陆地最近点4.63千米。海岛地形起伏不平，最高点海拔5.5米，岛上基岩裸露，无植被，四周岩礁区面积较大，岩礁区有刺参生长。岛上有灯塔。海带收获季节有人在岛上活动。岛屿功能定位为旅游观光。

日岛位于威海湾中部，刘公岛东南侧2千米，海岛面积0.007平方千米，岸线长0.37千米，距陆地最近点2.96千米。海岛东侧为悬崖，西侧为贝壳滩。岛上基岩裸露，只有很少的草本植物。岛上有灯塔、古炮台，养殖季节岛上有少数渔民活动。岛屿功能定位为旅游开发。

1.5 海湾资源

海湾：被陆地环绕且面积不小于以口门宽度为直径的半圆面积的海域。

威海市区海湾分布图

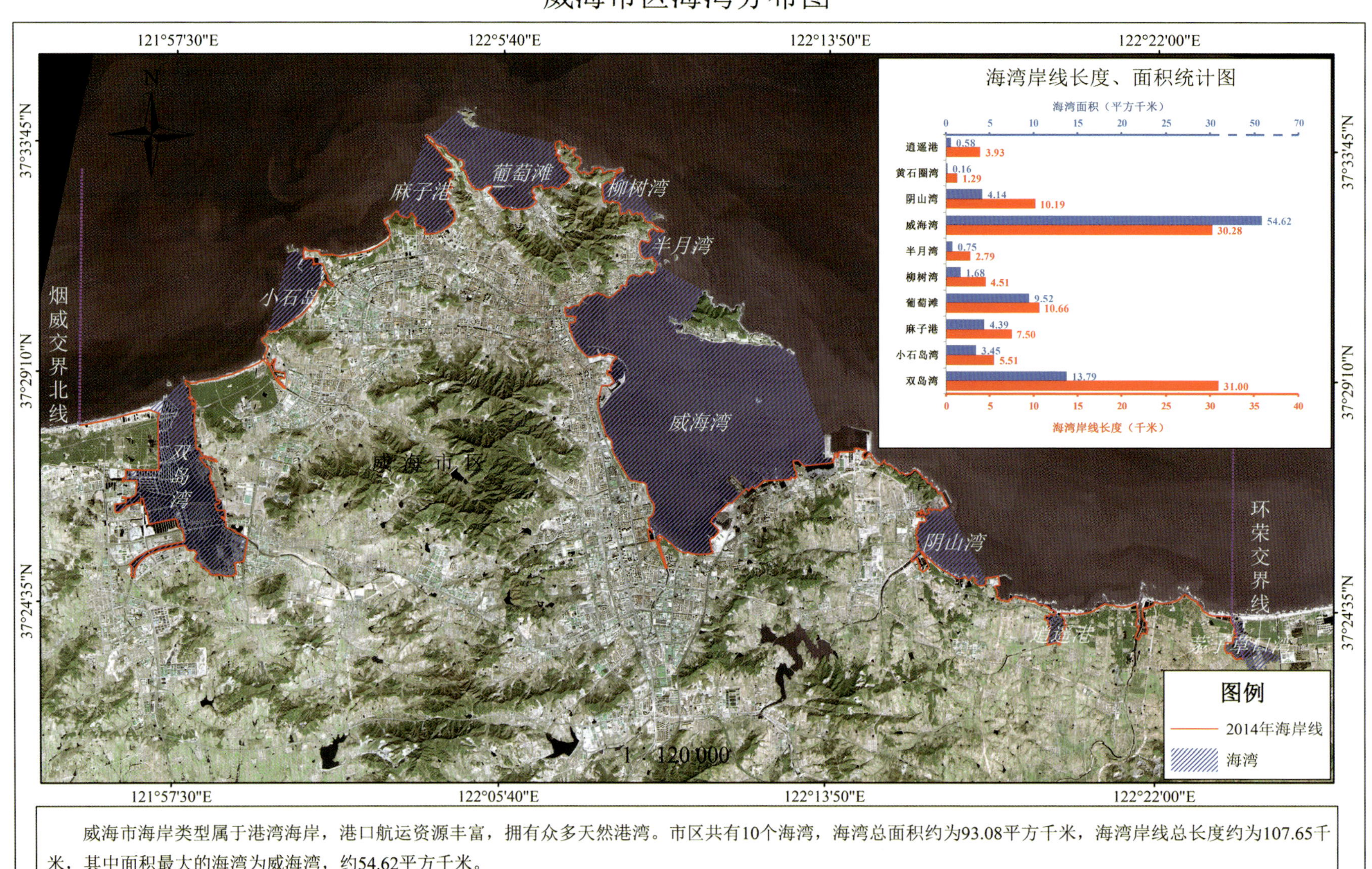

威海市海岸类型属于港湾海岸，港口航运资源丰富，拥有众多天然港湾。市区共有10个海湾，海湾总面积约为93.08平方千米，海湾岸线总长度约为107.65千米，其中面积最大的海湾为威海湾，约54.62平方千米。

双岛湾

121°56'00"E
121°58'25"E
122°00'50"E
37°29'00"N
37°27'25"N
37°25'50"N
N
图例
口门
人工岸线
基岩岸线
砂质岸线
1 : 40 000
海湾岸线长度和面积变化图
海湾面积（平方千米）
海湾岸线长度（千米）
25.00
20.00
15.00
10.00
5.00
0.00
35.00
30.00
25.00
20.00
15.00
10.00
5.00
0.00
21.27
19.04
17.91
14.68
13.79
25.20
31.33
30.99
30.13
31.00
2001年
2004年
2007年
2011年
2014年
海湾概况
海湾名称：双岛湾
海湾类型：潟湖
地理位置：初村镇、张村镇交界
口门宽度：1.72千米
海湾面积：13.79平方千米
岸线长度：31.00千米
岸线类型：81%人工岸线、17%基岩岸线、2%砂质岸线
水深范围：0至-5米
底质结构：泥砂质

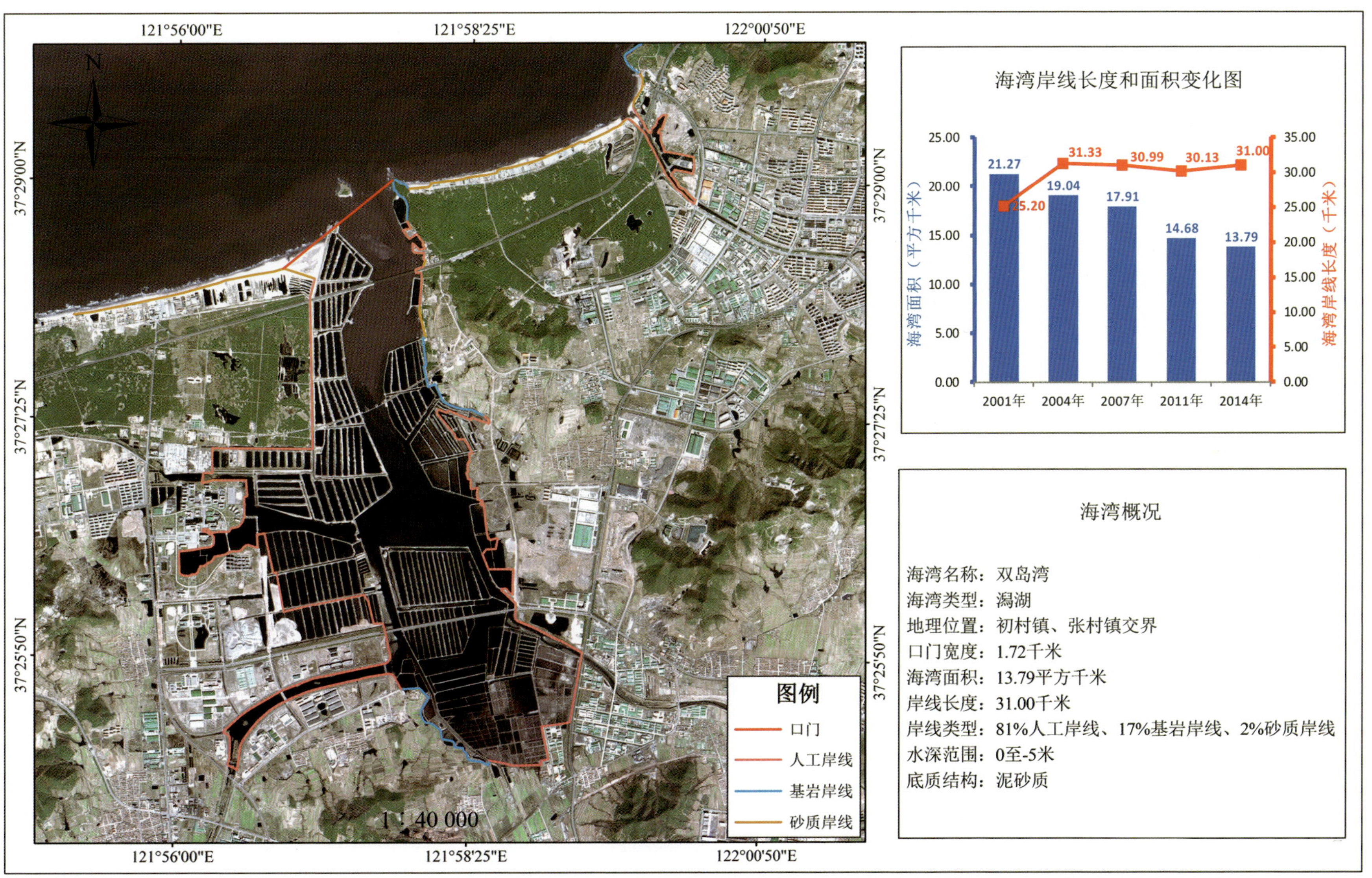

小石岛湾

121°59'15"E
122°00'20"E
122°01'25"E
37°31'30"N
37°30'45"N
37°30'00"N
N
1：20 000
图例
口门
人工岸线
基岩岸线
砂质岸线
海湾岸线长度和面积变化图
海湾面积（平方千米）
海湾岸线长度（千米）
3.46
3.46
3.46
3.45
3.45
5.58
5.58
5.52
5.53
5.51
3.50
3.00
2.50
2.00
1.50
1.00
0.50
0.00
7.00
6.00
5.00
4.00
3.00
2.00
1.00
0.00
2001年
2004年
2007年
2011年
2014年
海湾概况
海湾名称：小石岛湾
海湾类型：基岩侵蚀湾
地理位置：影视城黄埠头至小石岛
口门宽度：3.17千米
海湾面积：3.45平方千米
岸线长度：5.51千米
岸线类型：75%砂质岸线、24%人工岸线、1%基岩岸线
水深范围：0至-10米
底质结构：泥砂质

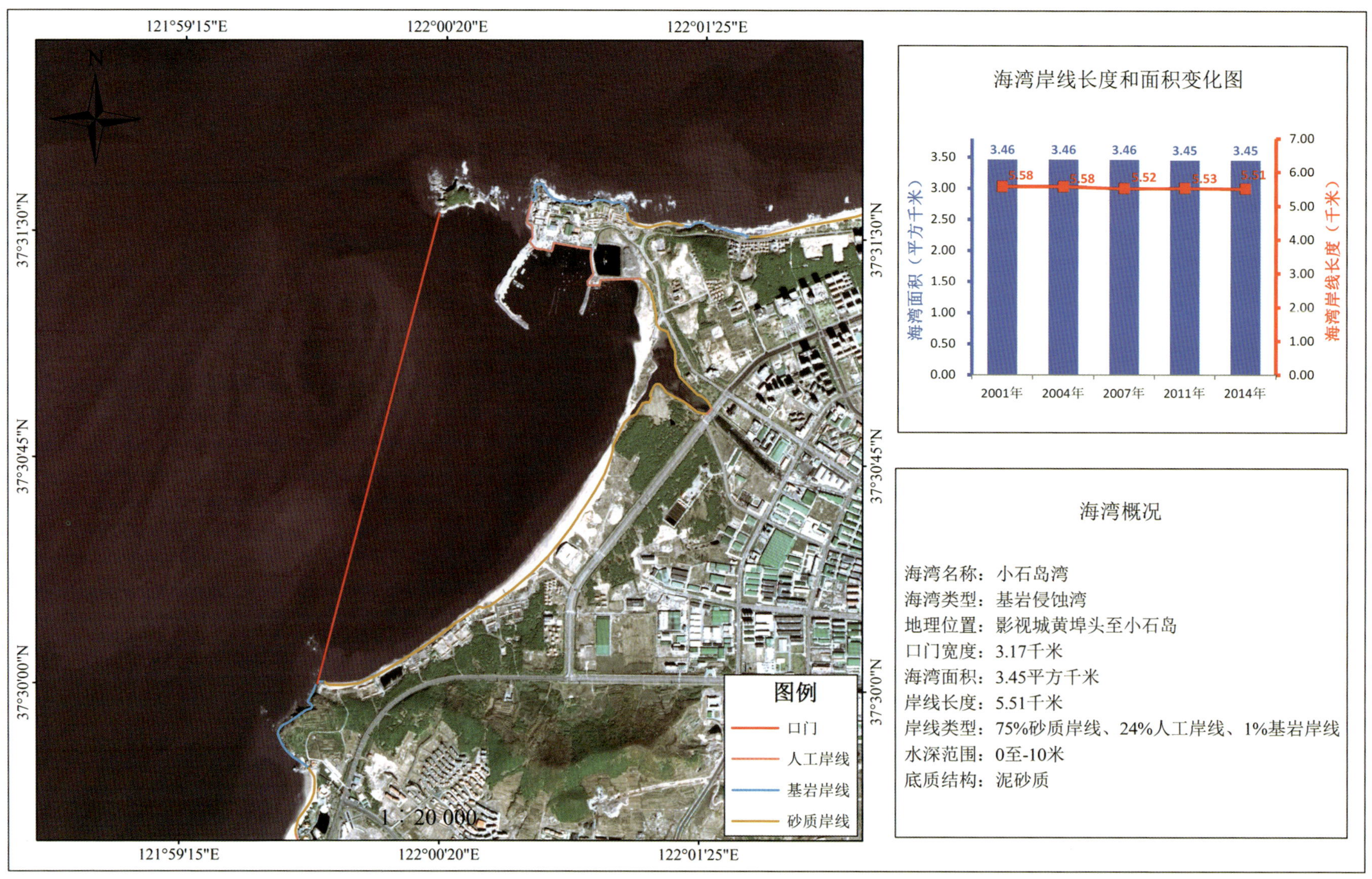

麻子港

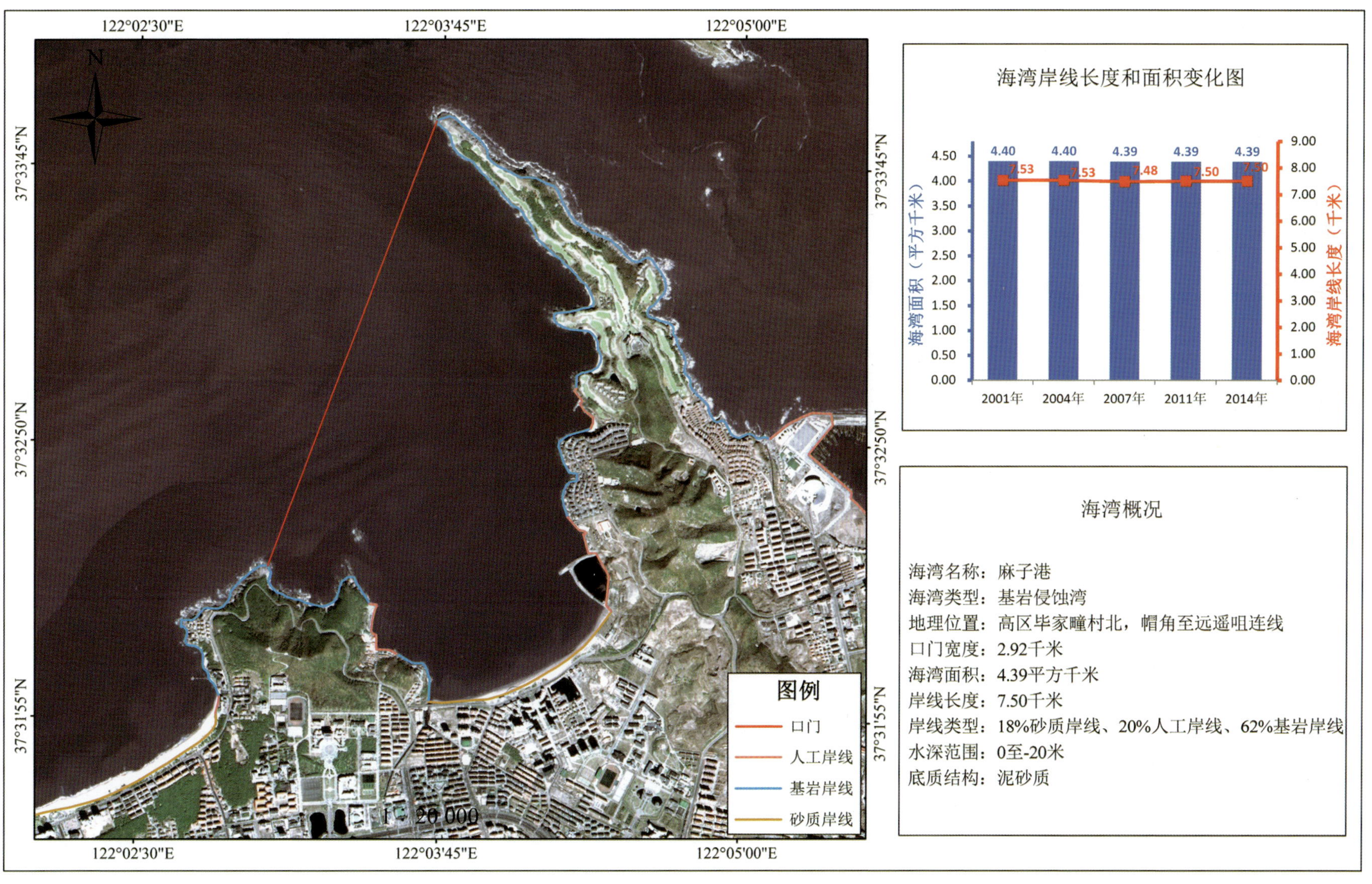

海湾概况

海湾名称：麻子港
海湾类型：基岩侵蚀湾
地理位置：高区毕家疃村北，帽角至远遥咀连线
口门宽度：2.92千米
海湾面积：4.39平方千米
岸线长度：7.50千米
岸线类型：18%砂质岸线、20%人工岸线、62%基岩岸线
水深范围：0至-20米
底质结构：泥砂质

葡萄滩

122°04'30"E
122°06'00"E
122°07'30"E
37°34'00"N
37°33'00"N
37°32'00"N
N
图例
口门
人工岸线
基岩岸线
砂质岸线
海湾岸线长度和面积变化图
海湾面积（平方千米）
海湾岸线长度（千米）
9.82
9.82
9.69
9.59
9.52
10.30
10.30
10.50
10.93
10.66
2001年
2004年
2007年
2011年
2014年
0.00
2.00
4.00
6.00
8.00
10.00
12.00
14.00
海湾概况
海湾名称：葡萄滩
海湾类型：基岩侵蚀湾
地理位置：孙家疃镇境内。湾口介于靖子头与远遥咀两岬角之间，向北敞开。
口门宽度：4.36千米
海湾面积：9.52平方千米
岸线长度：10.66千米
岸线类型：21%砂质岸线、25%人工岸线、54%基岩岸线
水深范围：0至-20米
底质结构：泥砂质

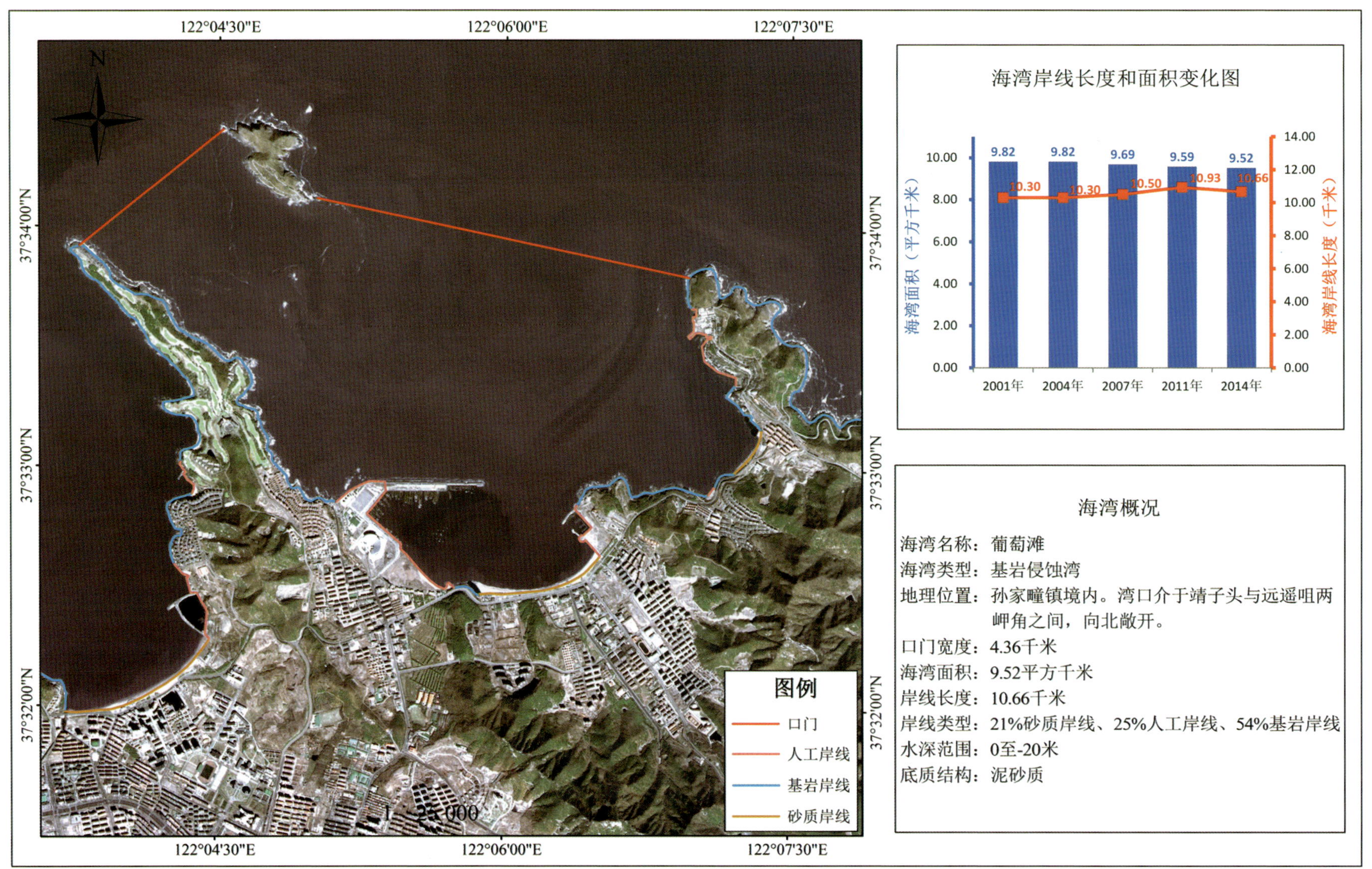

半月湾

122°09'00"E
122°09'30"E
122°10'00"E
37°32'05"N
37°31'40"N
37°31'15"N
N
图例
口门
人工岸线
基岩岸线
砂质岸线
1：10 000
海湾岸线长度和面积变化图
海湾面积（平方千米）
海湾岸线长度（千米）
0.75
0.75
0.75
0.75
0.75
2.78
2.78
2.78
2.78
2.79
2001年
2004年
2007年
2011年
2014年
海湾概况
海湾名称：半月湾
海湾类型：基岩侵蚀湾
地理位置：孙家疃镇内。湾口介于江古咀与三连岛之间
口门宽度：1.50千米
海湾面积：0.75平方千米
岸线长度：2.79千米
岸线类型：27%砂质岸线、31%人工岸线、42%基岩岸线
水深范围：0至-20米
底质结构：泥砂质

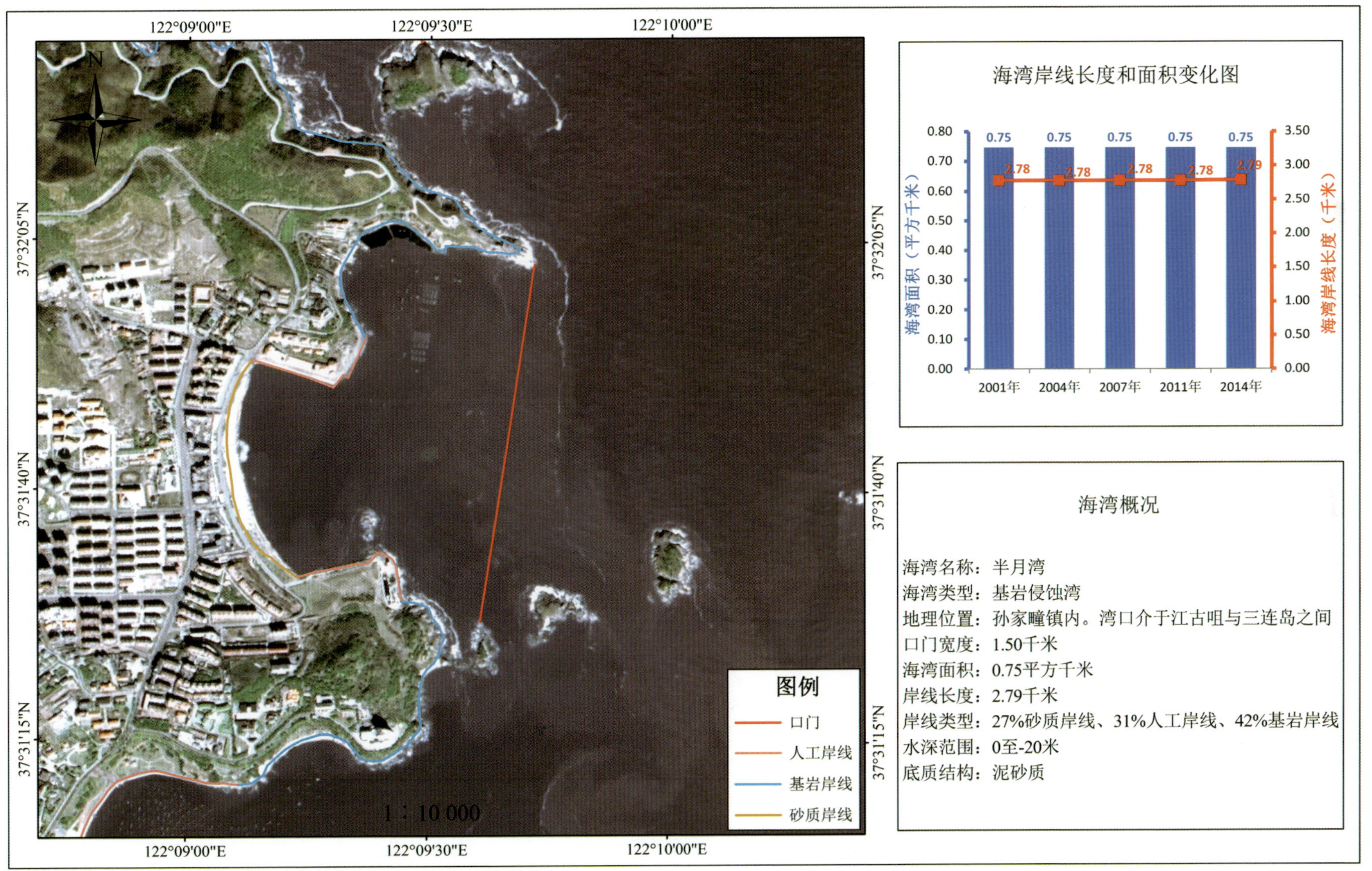

威海湾

122°08'00"E
122°10'40"E
122°13'20"E
37°30'00"N
37°27'55"N
37°25'50"N
N
图例
口门
人工岸线
基岩岸线
砂质岸线
海湾岸线长度和面积变化图
海湾面积（平方千米）
海湾岸线长度（千米）
60.00
50.00
40.00
30.00
20.00
10.00
0.00
40.00
35.00
30.00
25.00
20.00
15.00
10.00
5.00
0.00
56.15
56.01
55.75
54.81
54.62
31.05
31.85
30.39
30.77
30.28
2001年
2004年
2007年
2011年
2014年
海湾概况
海湾名称：威海湾
海湾类型：基岩侵蚀湾
地理位置：市区南山咀与赵北咀连线
口门宽度：5.43千米（湾口被刘公岛分为南、北两口，北口水深较大，为威海湾主航道；南口又被日岛分为南北水道）
海湾面积：54.62平方千米
岸线长度：30.28千米
岸线类型：7%砂质岸线、86%人工岸线、7%基岩岸线
水深范围：0至-40米
底质结构：泥砂质

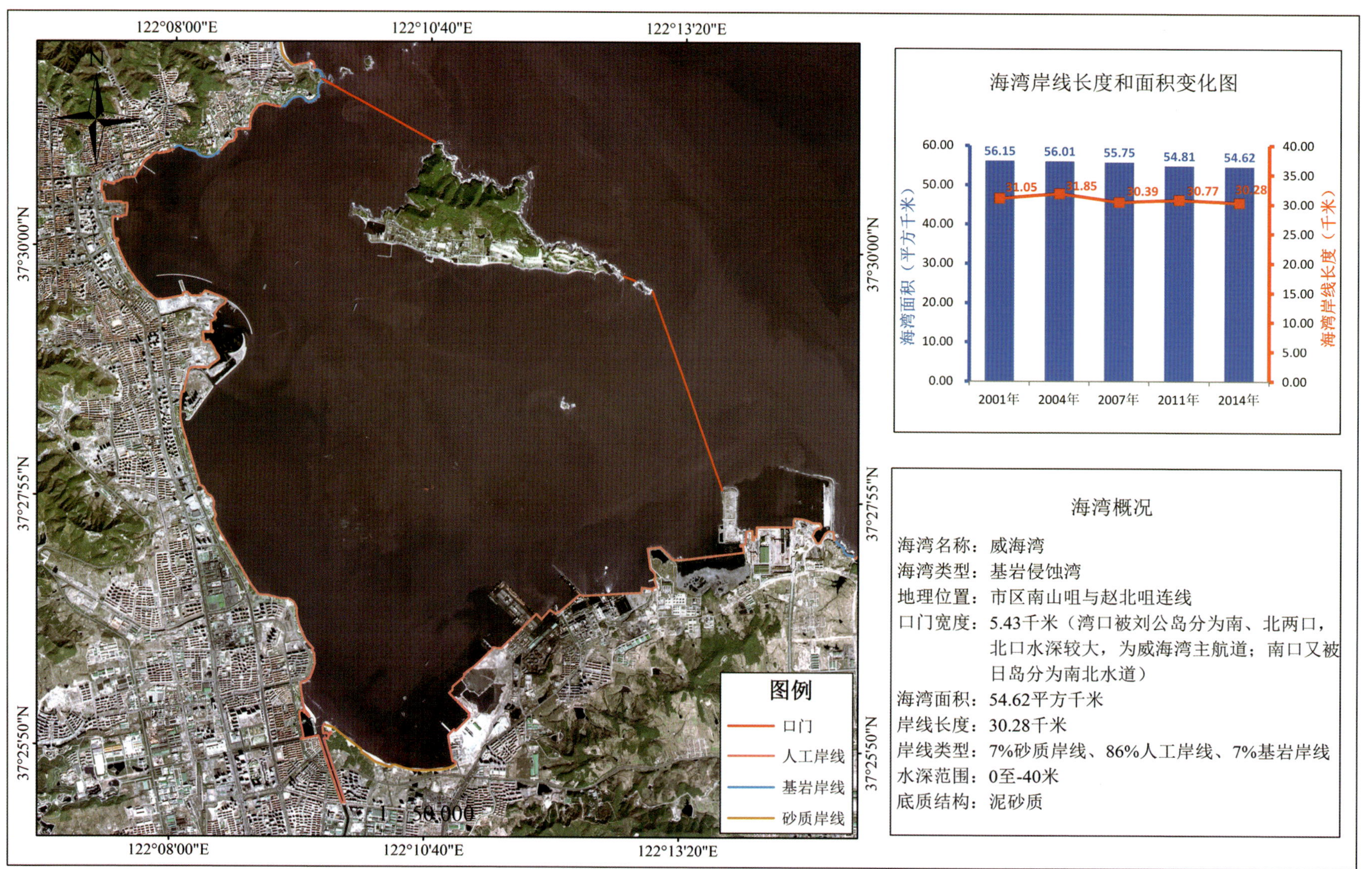

阴山湾

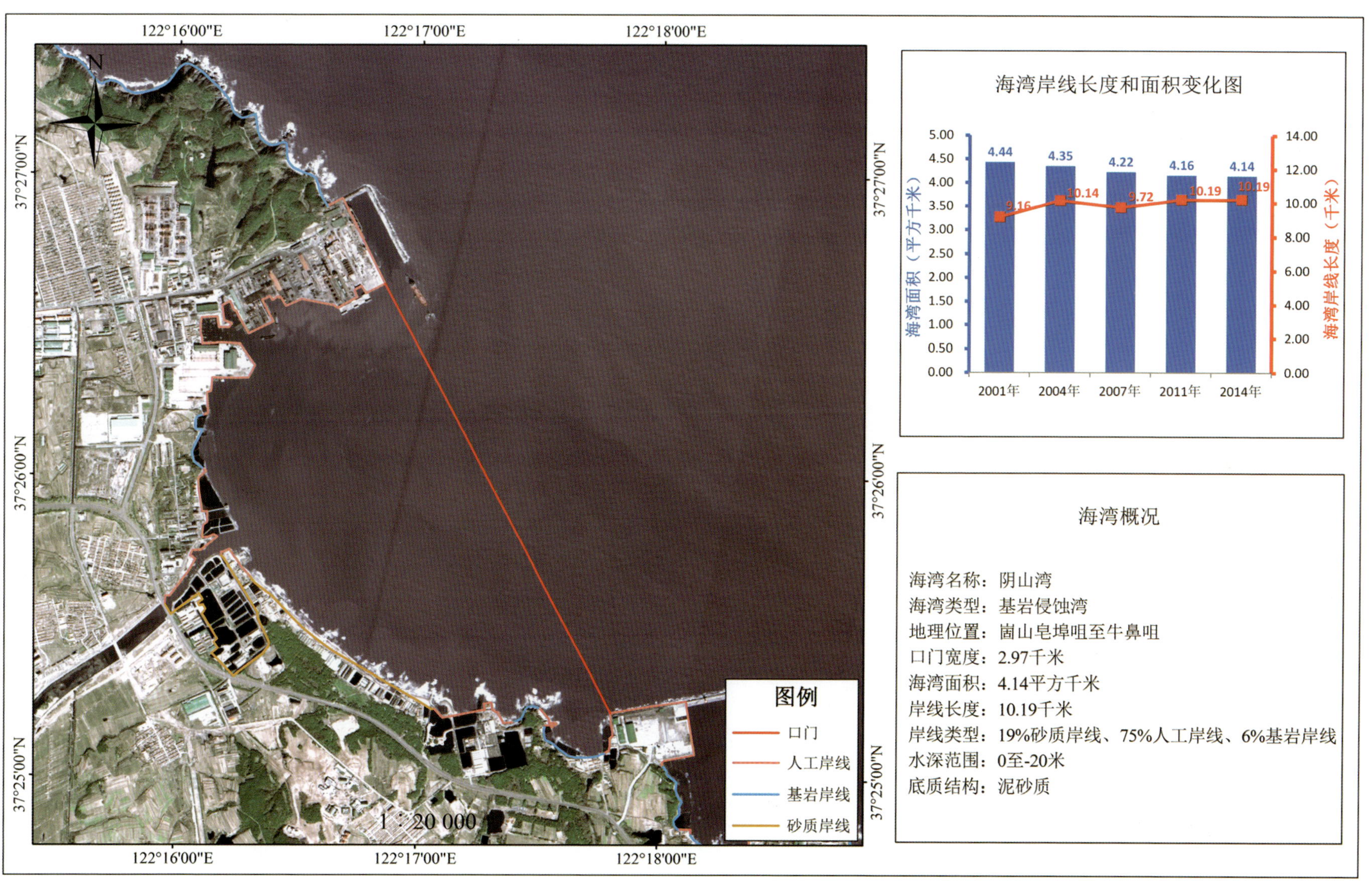

海湾概况

海湾名称：阴山湾
海湾类型：基岩侵蚀湾
地理位置：崮山皂埠咀至牛鼻咀
口门宽度：2.97千米
海湾面积：4.14平方千米
岸线长度：10.19千米
岸线类型：19%砂质岸线、75%人工岸线、6%基岩岸线
水深范围：0至-20米
底质结构：泥砂质

逍遥港

122°19'00"E
122°19'30"E
122°20'00"E
37°24'35"N
37°24'10"N
37°23'45"N
N
1：90 000
图例
口门
人工岸线
基岩岸线
砂质岸线
海湾岸线长度和面积变化图
海湾面积（平方千米）
海湾岸线长度（千米）
0.59
0.56
0.58
0.58
0.58
3.94
3.86
3.93
3.93
3.93
2001年
2004年
2007年
2011年
2014年
海湾概况
海湾名称：逍遥港
海湾类型：潟湖
地理位置：岛邓家村东北
口门宽度：0.08千米
海湾面积：0.58平方千米
岸线长度：3.93千米
岸线类型：砂质岸线
水深范围：0米
底质结构：泥砂质

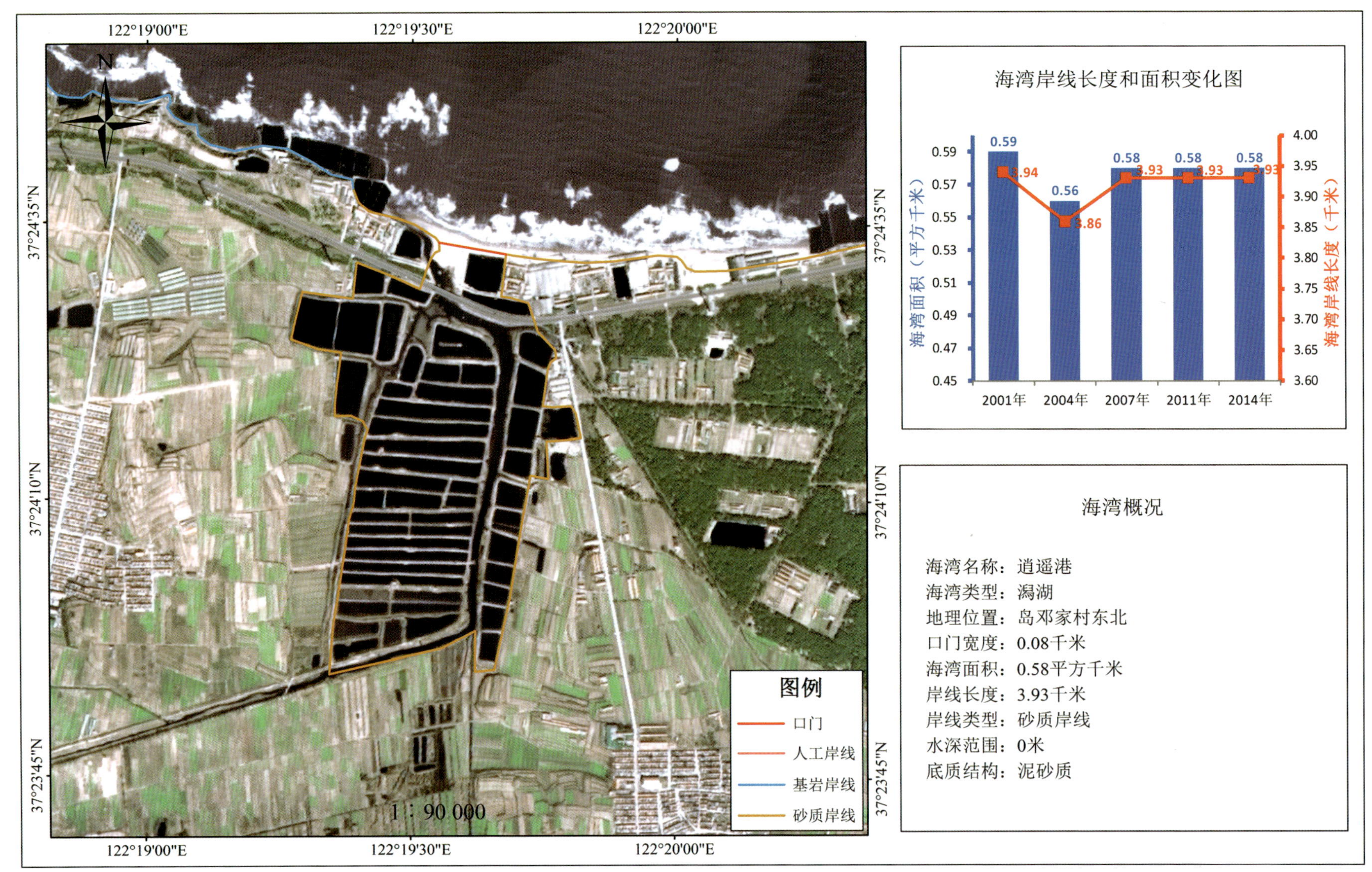

1.6 滨海湿地资源

湿地：天然的或人工的、永久的或间歇性的沼泽地、泥炭地、水域地带，带有静止或流动、淡水或半咸水及咸水水体，包括低潮时水深不超过 6 米的海域。

威海市区近岸湿地变化图

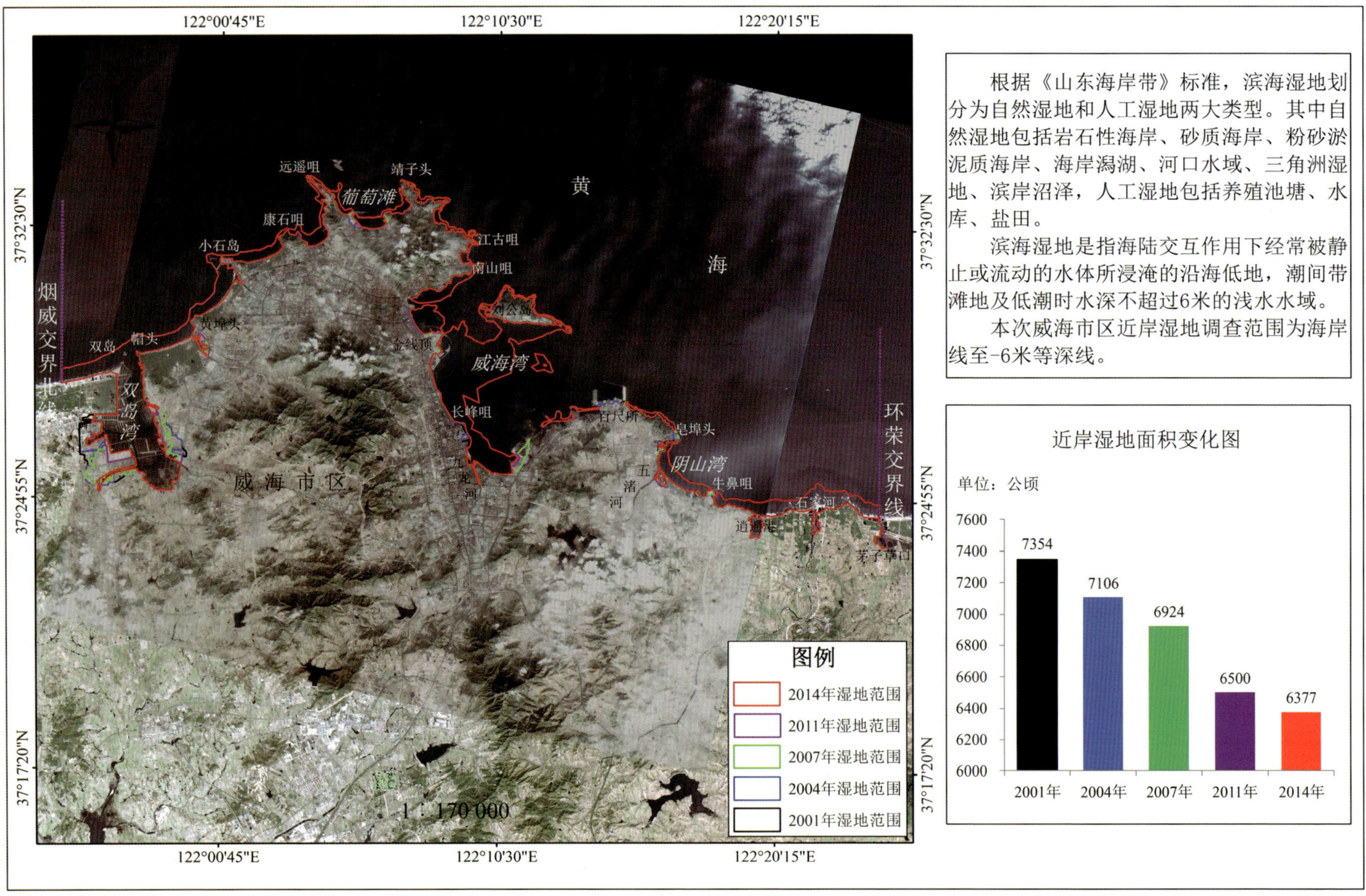

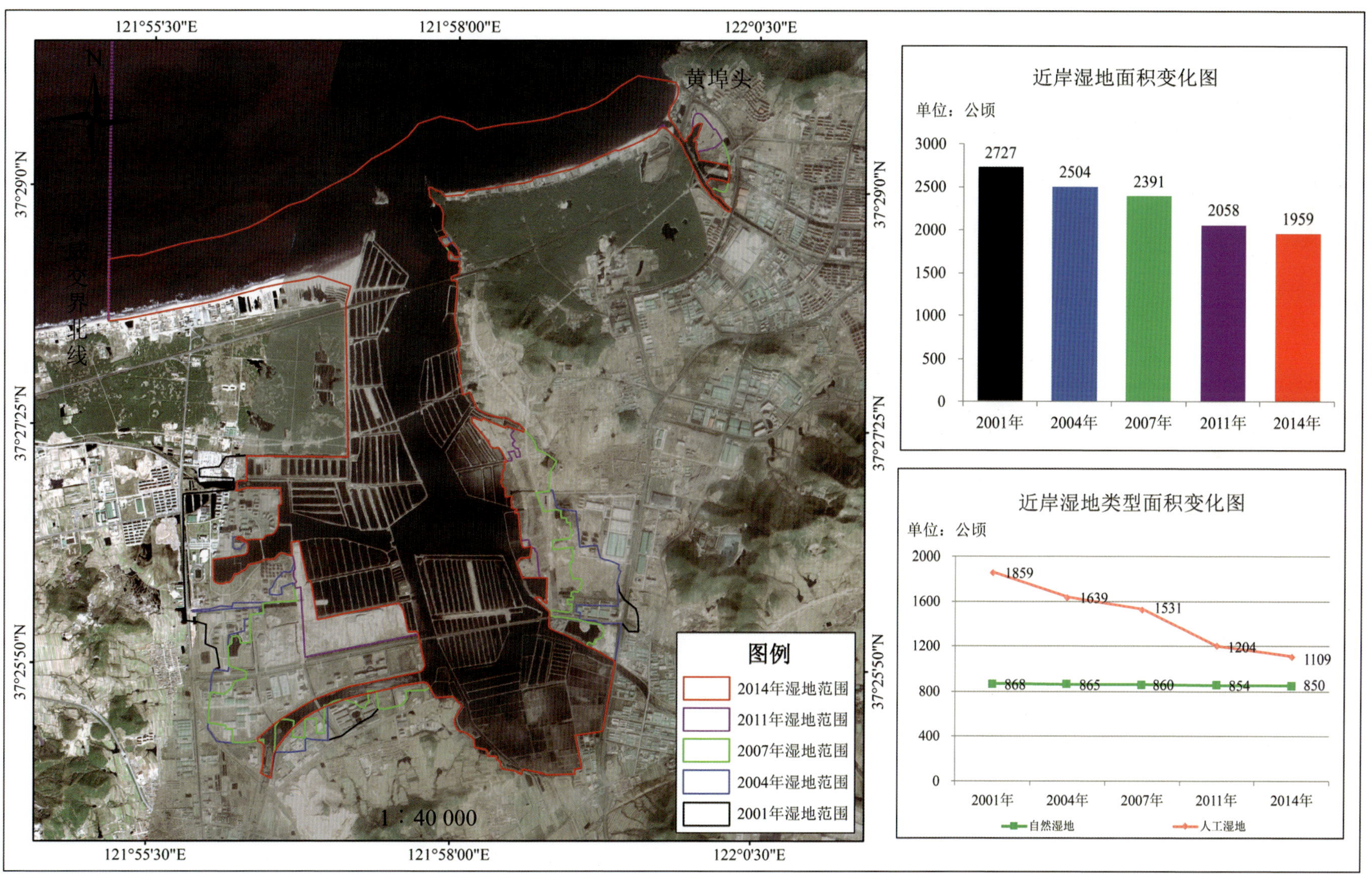
烟威交界处至黄埠头近岸湿地变化图
121°55'30"E
121°58'00"E
122°0'30"E
37°29'0"N
37°27'25"N
37°25'50"N
N
黄埠头
烟威交界北线
1∶40 000
图例
2014年湿地范围
2011年湿地范围
2007年湿地范围
2004年湿地范围
2001年湿地范围
近岸湿地面积变化图
单位：公顷
2727
2504
2391
2058
1959
2001年
2004年
2007年
2011年
2014年
近岸湿地类型面积变化图
单位：公顷
1859
1639
1531
1204
1109
868
865
860
854
850
自然湿地
人工湿地

黄埠头至中心渔港近岸湿地变化图

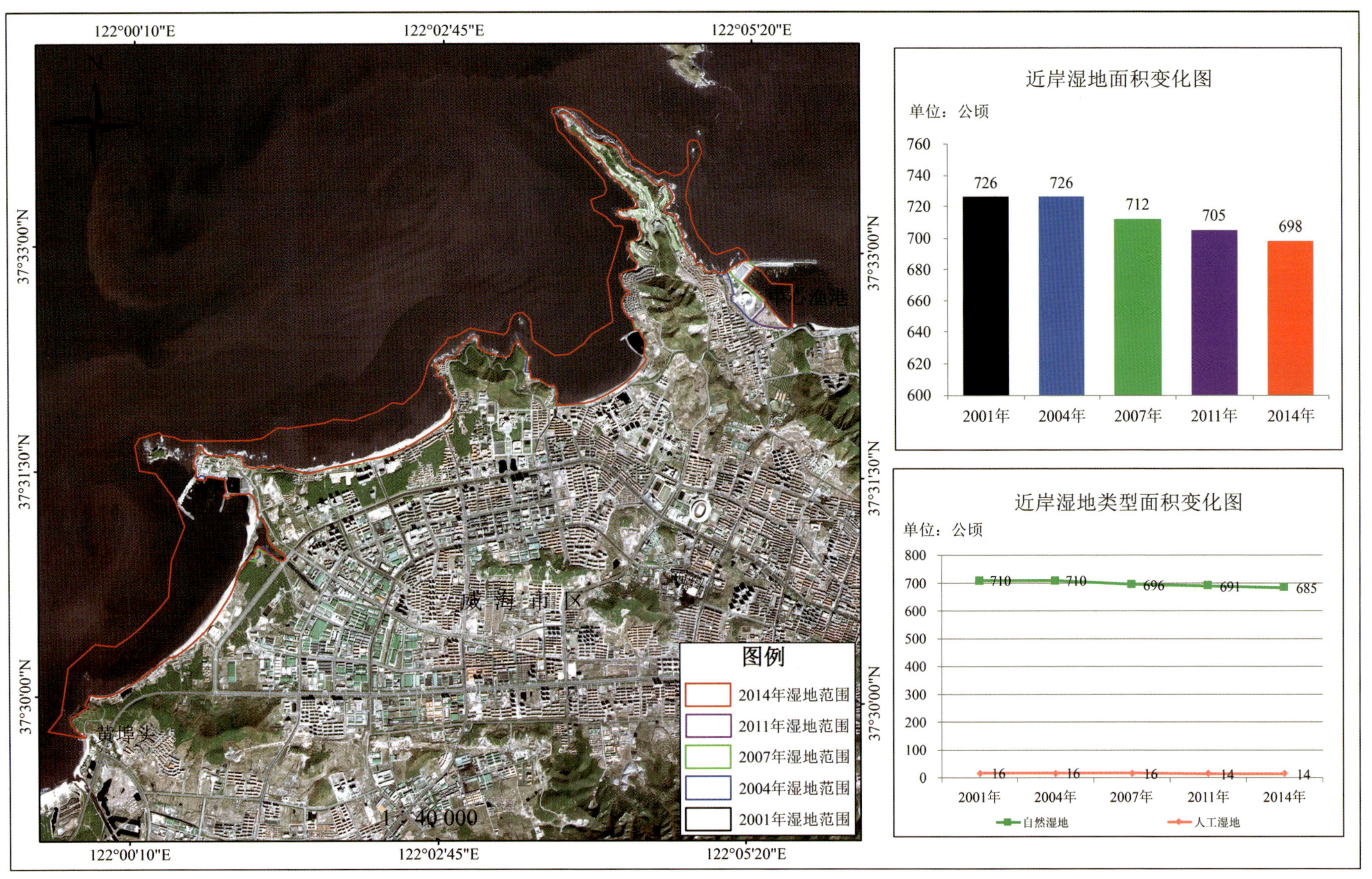

中心渔港至金线顶近岸湿地变化图

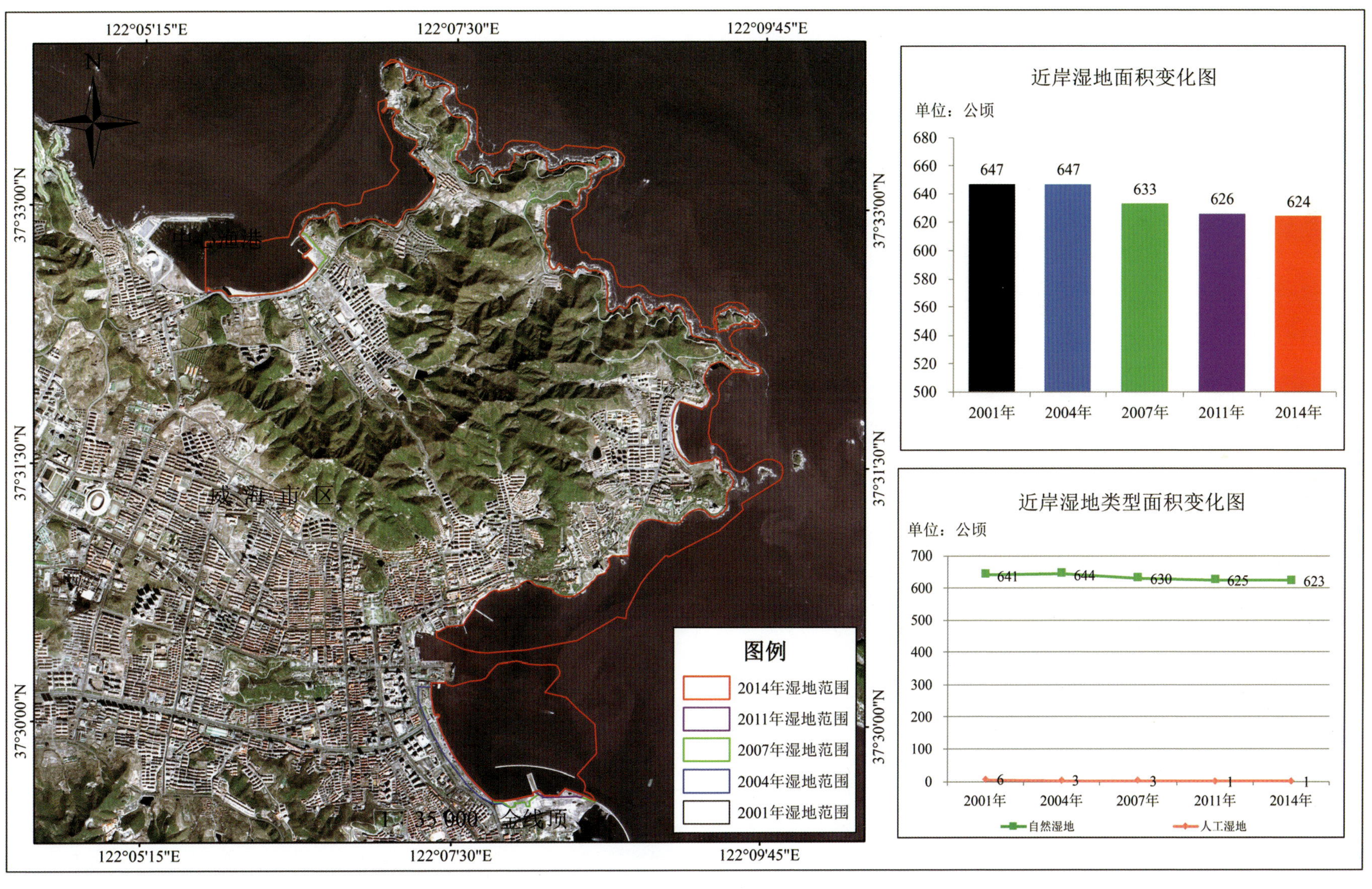

金线顶至赵北咀近岸湿地变化图

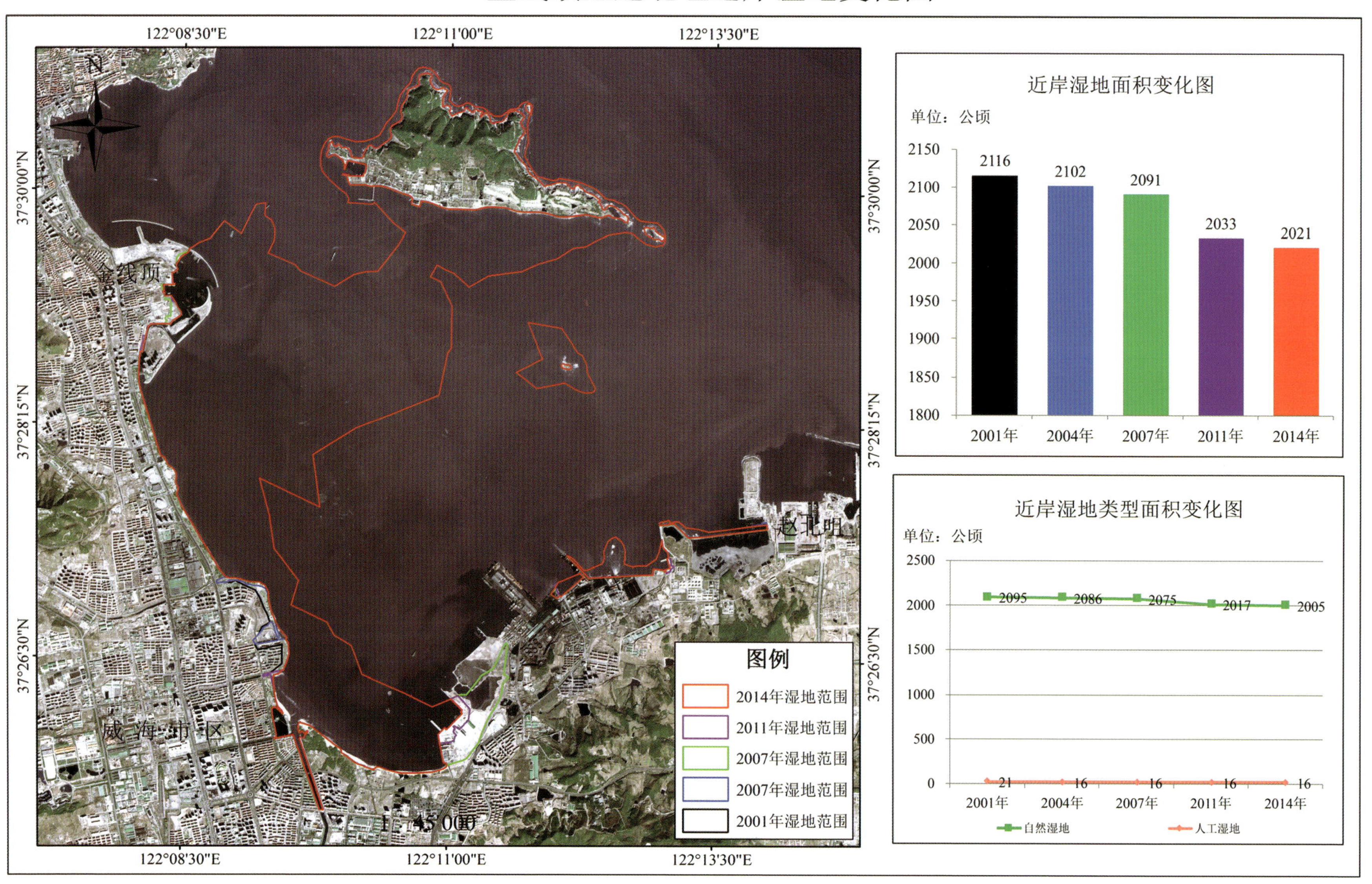

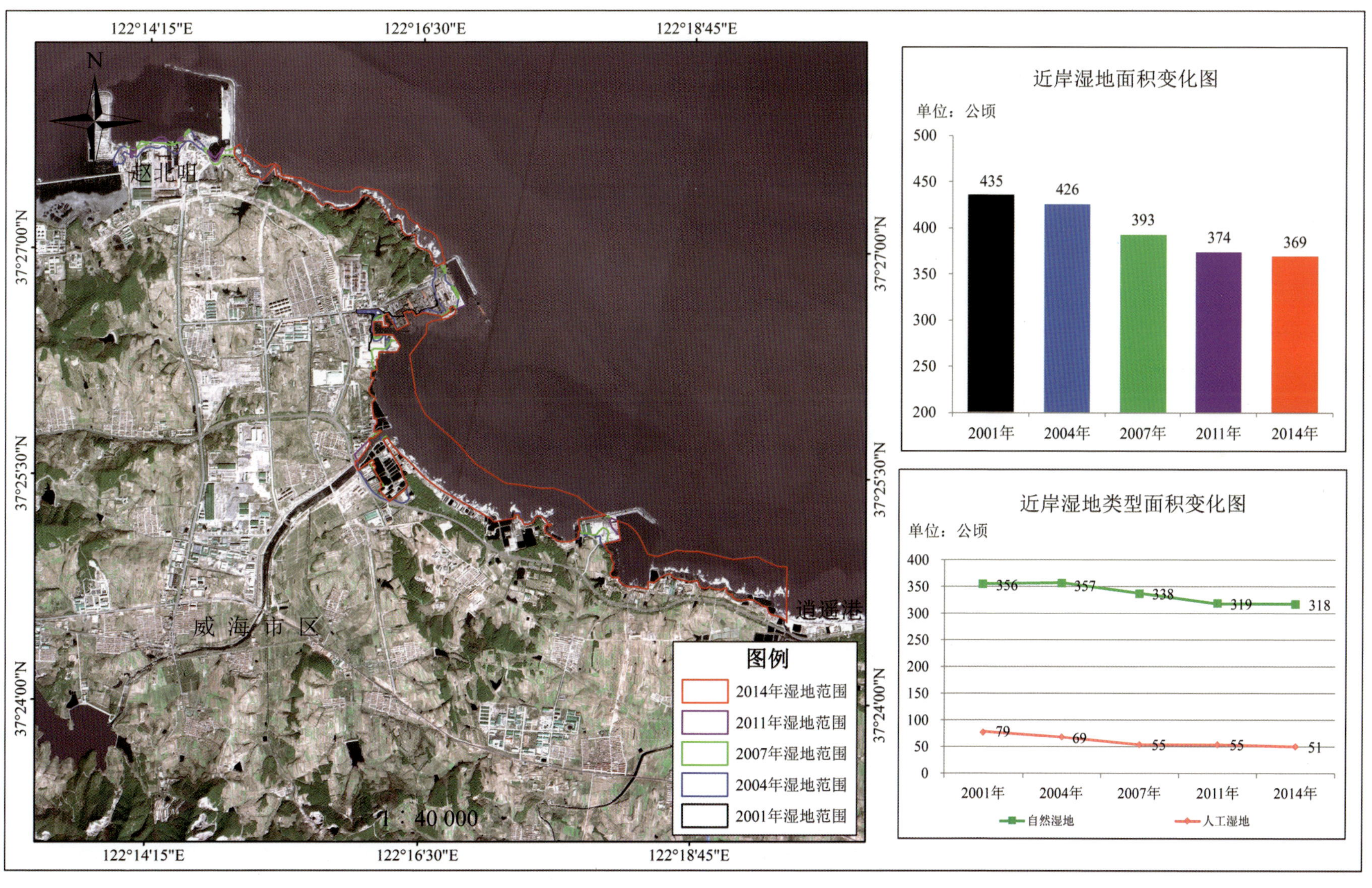
赵北咀至逍遥港近岸湿地变化图
122°14'15"E
122°16'30"E
122°18'45"E
37°27'00"N
37°25'30"N
37°24'00"N
N
赵北咀
威 海 市 区
逍遥港
1：40 000
图例
2014年湿地范围
2011年湿地范围
2007年湿地范围
2004年湿地范围
2001年湿地范围
近岸湿地面积变化图
单位：公顷
500
450
400
350
300
250
200
435
426
393
374
369
2001年
2004年
2007年
2011年
2014年
近岸湿地类型面积变化图
单位：公顷
400
350
300
250
200
150
100
50
0
356
357
338
319
318
79
69
55
55
51
自然湿地
人工湿地

逍遥港至茅子草口近岸湿地变化图

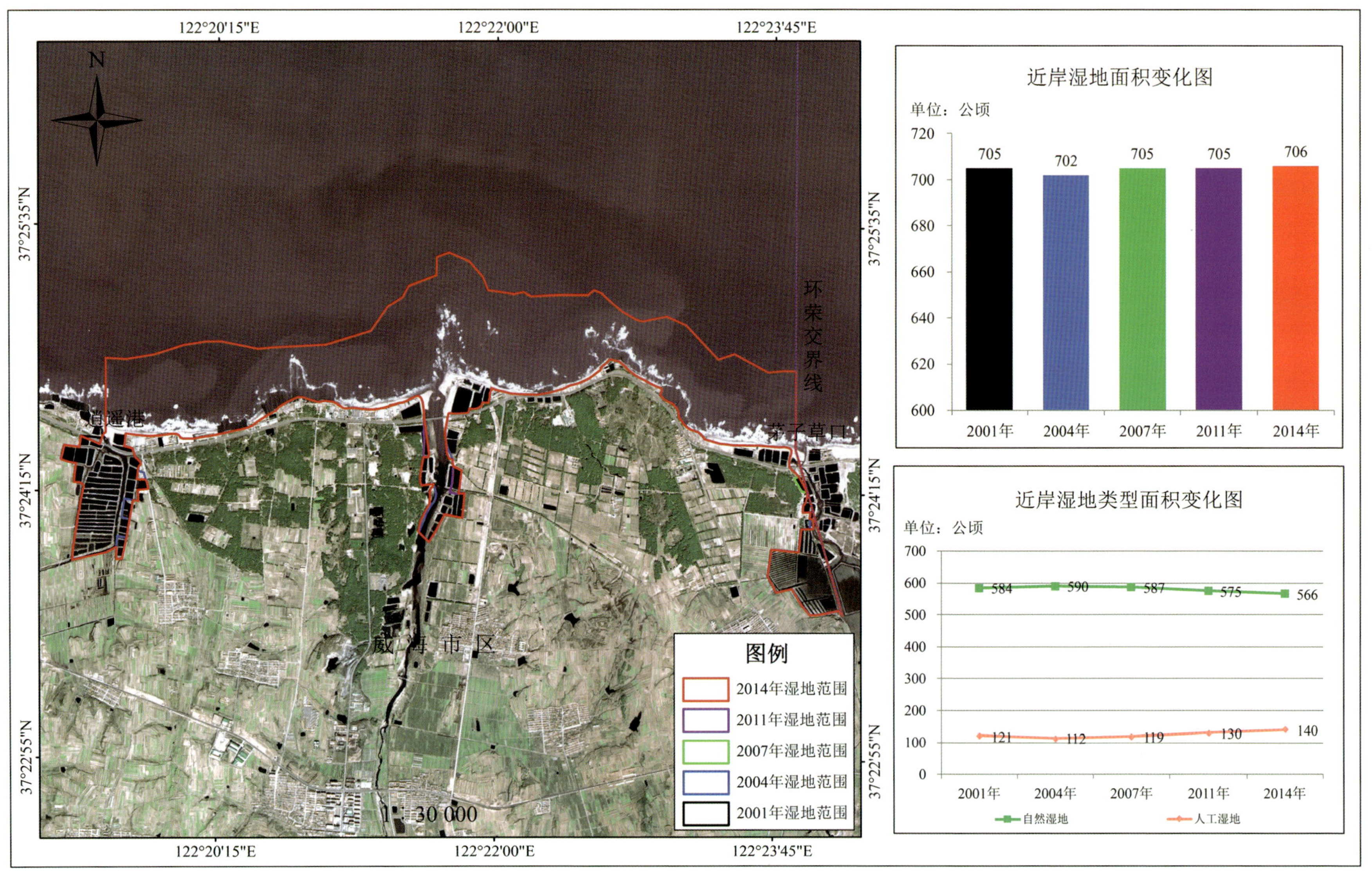

第2章　海岸带开发利用

2.1 潮上带开发利用

潮上带：高潮线以上狭窄的陆上地带，大部分时间裸露于海面以上，仅在特大高潮或暴风浪时才被淹没。

威海市区潮上带利用现状

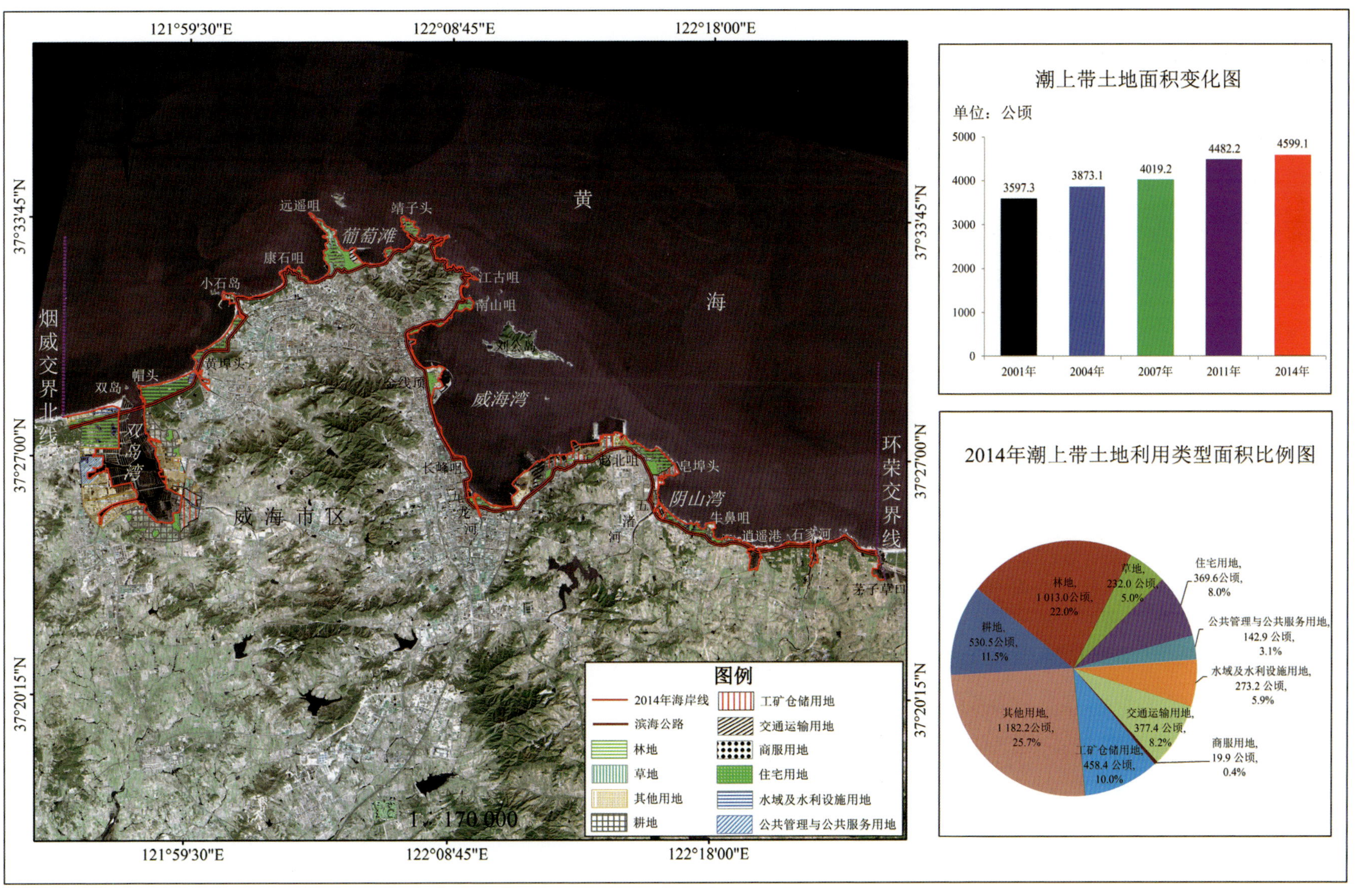

烟威交界处至黄埠头潮上带利用现状

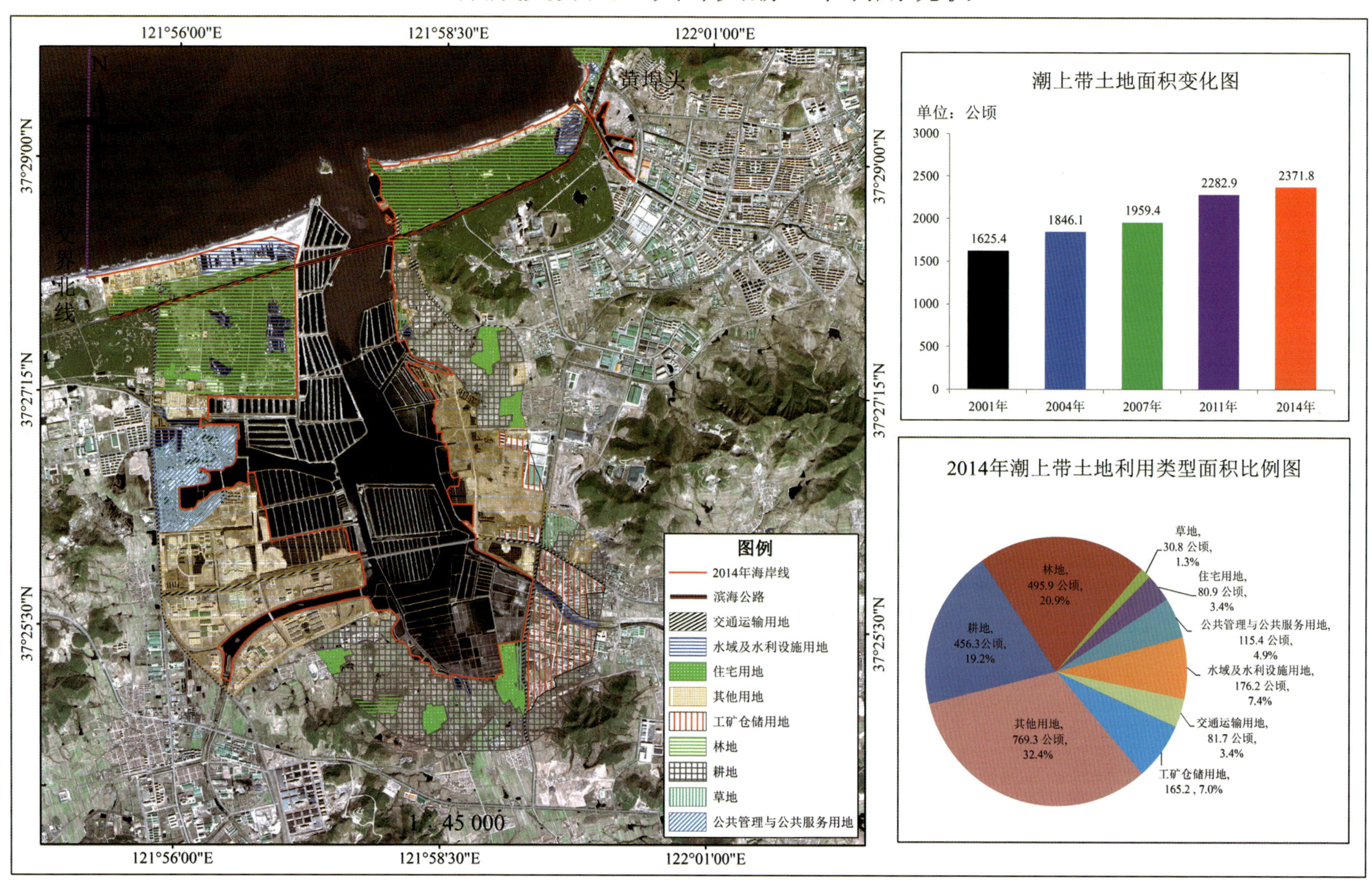

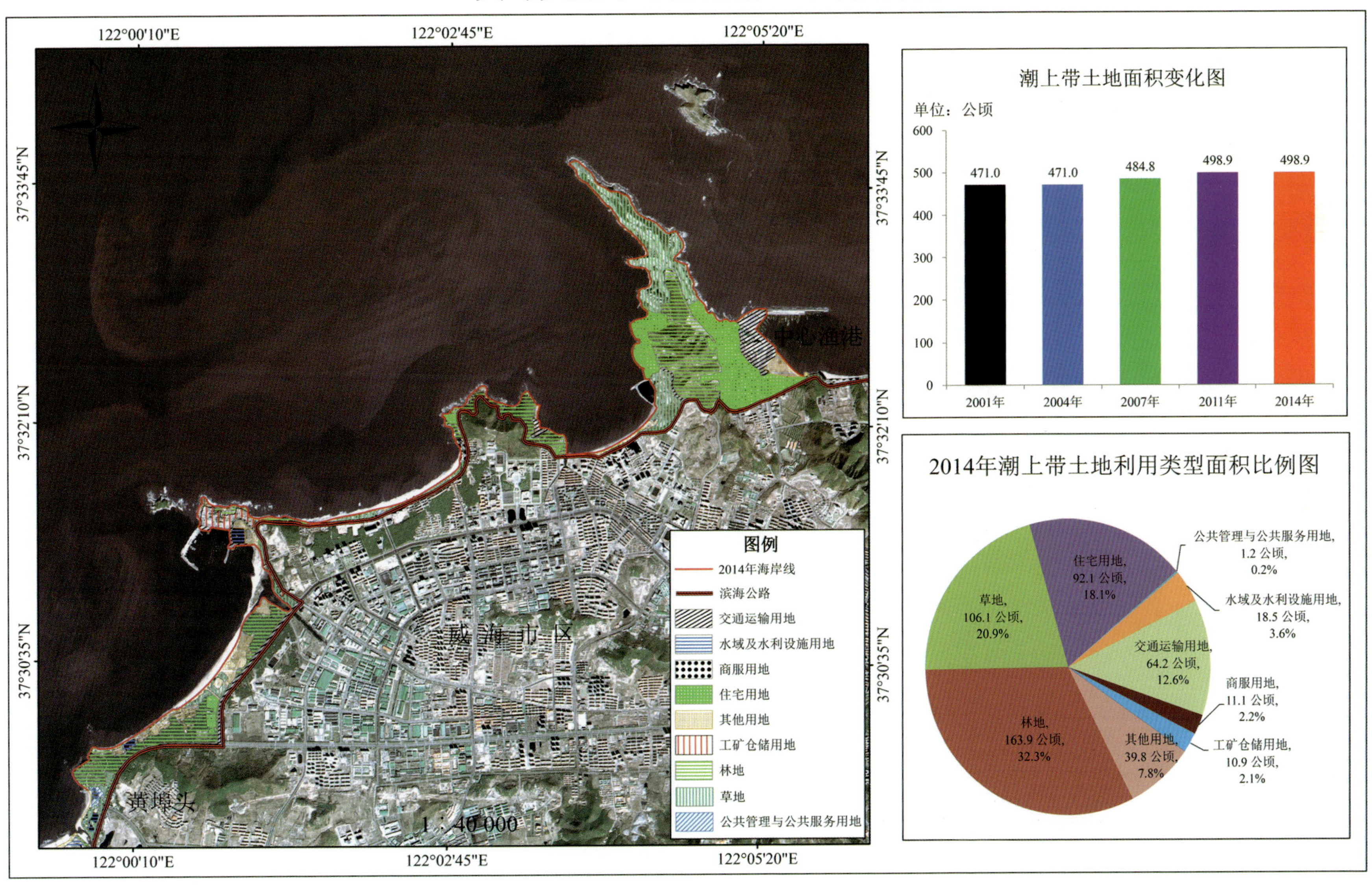

黄埠头至中心渔港潮上带利用现状
122°00'10"E
122°02'45"E
122°05'20"E
37°33'45"N
37°32'10"N
37°30'35"N
中心渔港
威海市区
黄埠头
1∶40 000
图例
2014年海岸线
滨海公路
交通运输用地
水域及水利设施用地
商服用地
住宅用地
其他用地
工矿仓储用地
林地
草地
公共管理与公共服务用地
潮上带土地面积变化图
单位：公顷
600
500
400
300
200
100
0
471.0
471.0
484.8
498.9
498.9
2001年
2004年
2007年
2011年
2014年
2014年潮上带土地利用类型面积比例图
住宅用地，92.1 公顷，18.1%
公共管理与公共服务用地，1.2 公顷，0.2%
水域及水利设施用地，18.5 公顷，3.6%
交通运输用地，64.2 公顷，12.6%
商服用地，11.1 公顷，2.2%
工矿仓储用地，10.9 公顷，2.1%
其他用地，39.8 公顷，7.8%
林地，163.9 公顷，32.3%
草地，106.1 公顷，20.9%

中心渔港至金线顶潮上带利用现状

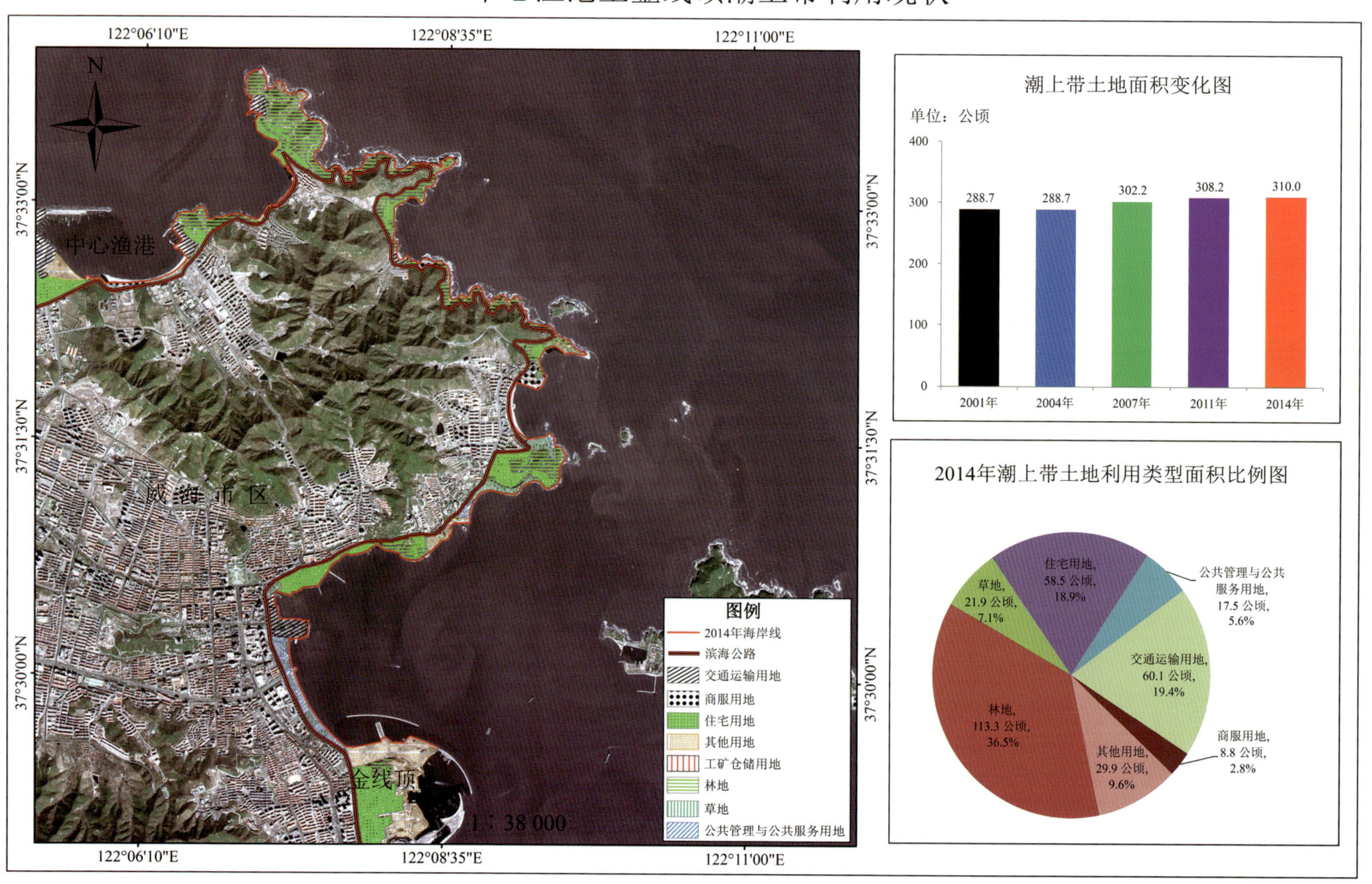

金线顶至赵北咀潮上带利用现状

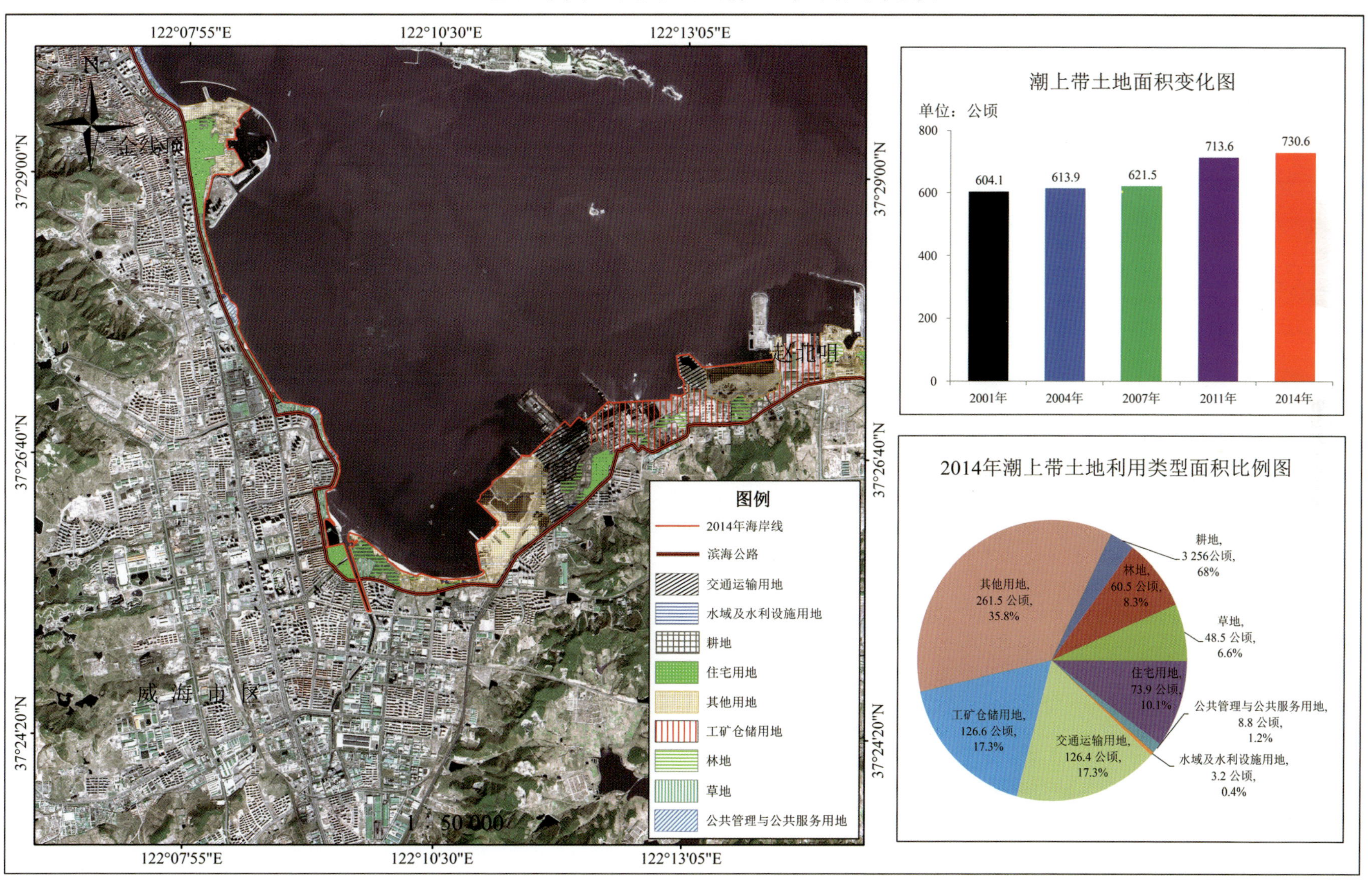

赵北咀至逍遥港潮上带利用现状

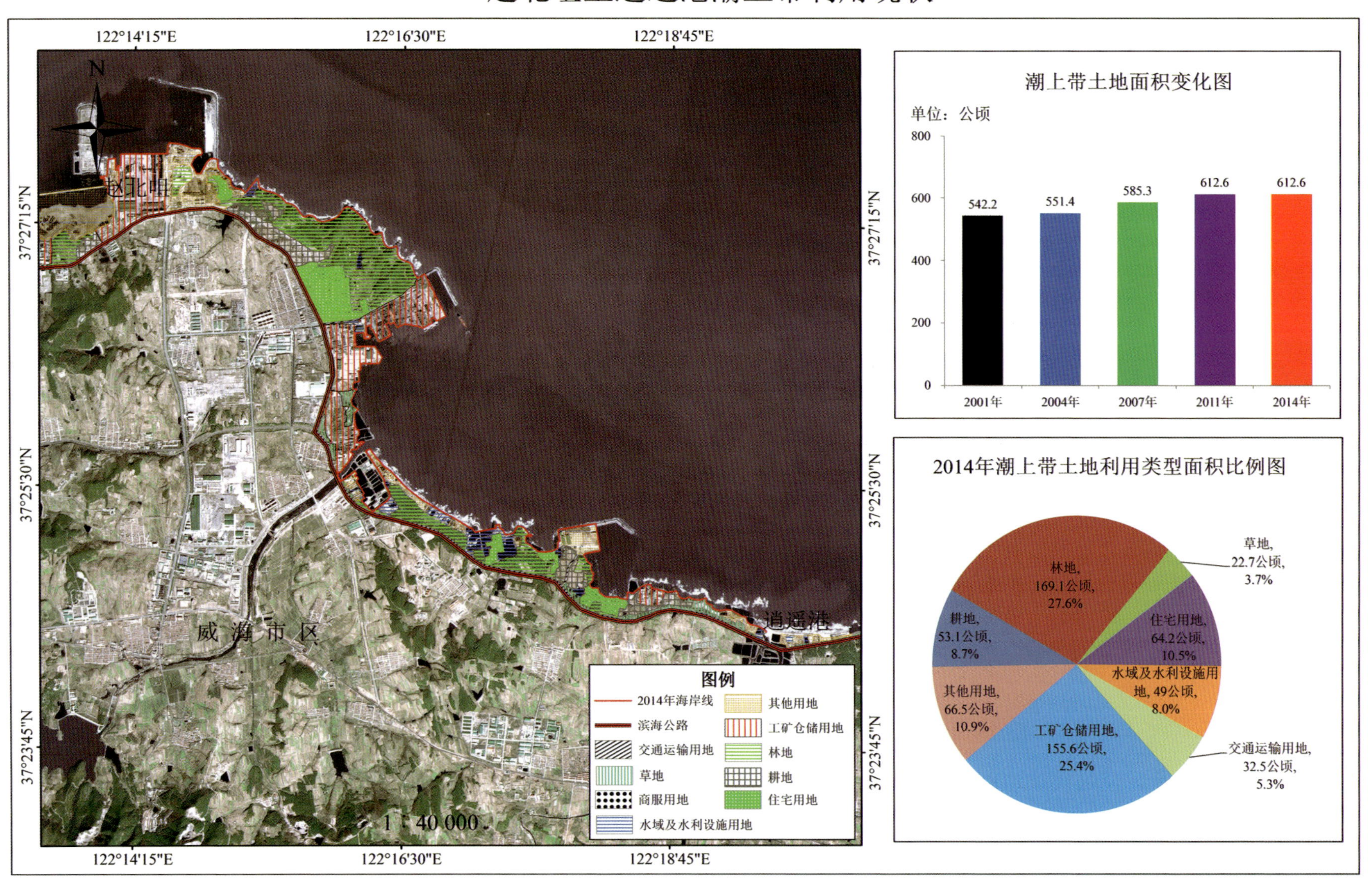

逍遥港至茅子草口潮上带利用现状

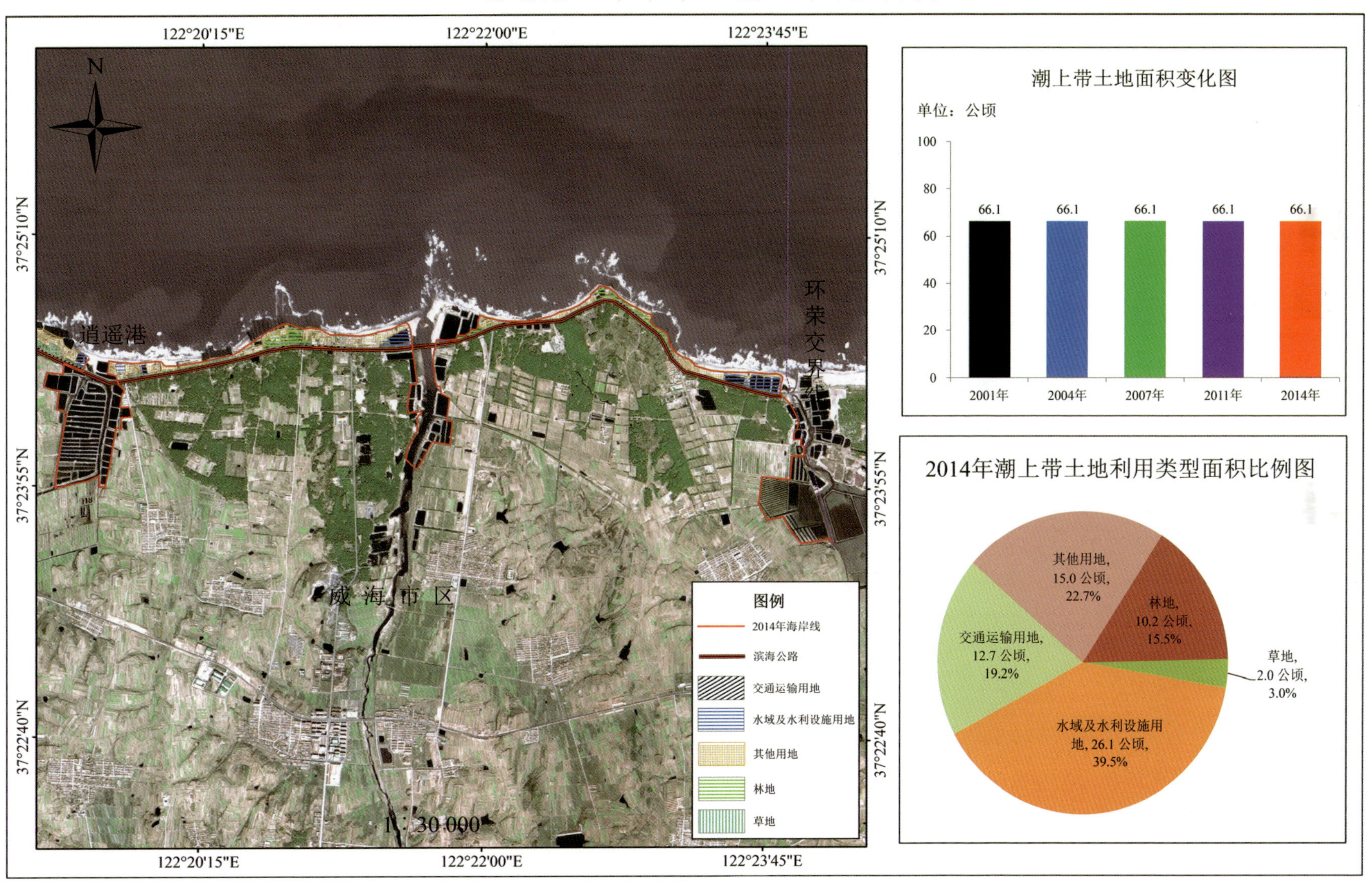

2.2 海域使用现状

海域使用:持续使用特定海域三个月以上的排他性用海活动。

威海市区海域开发利用现状总汇

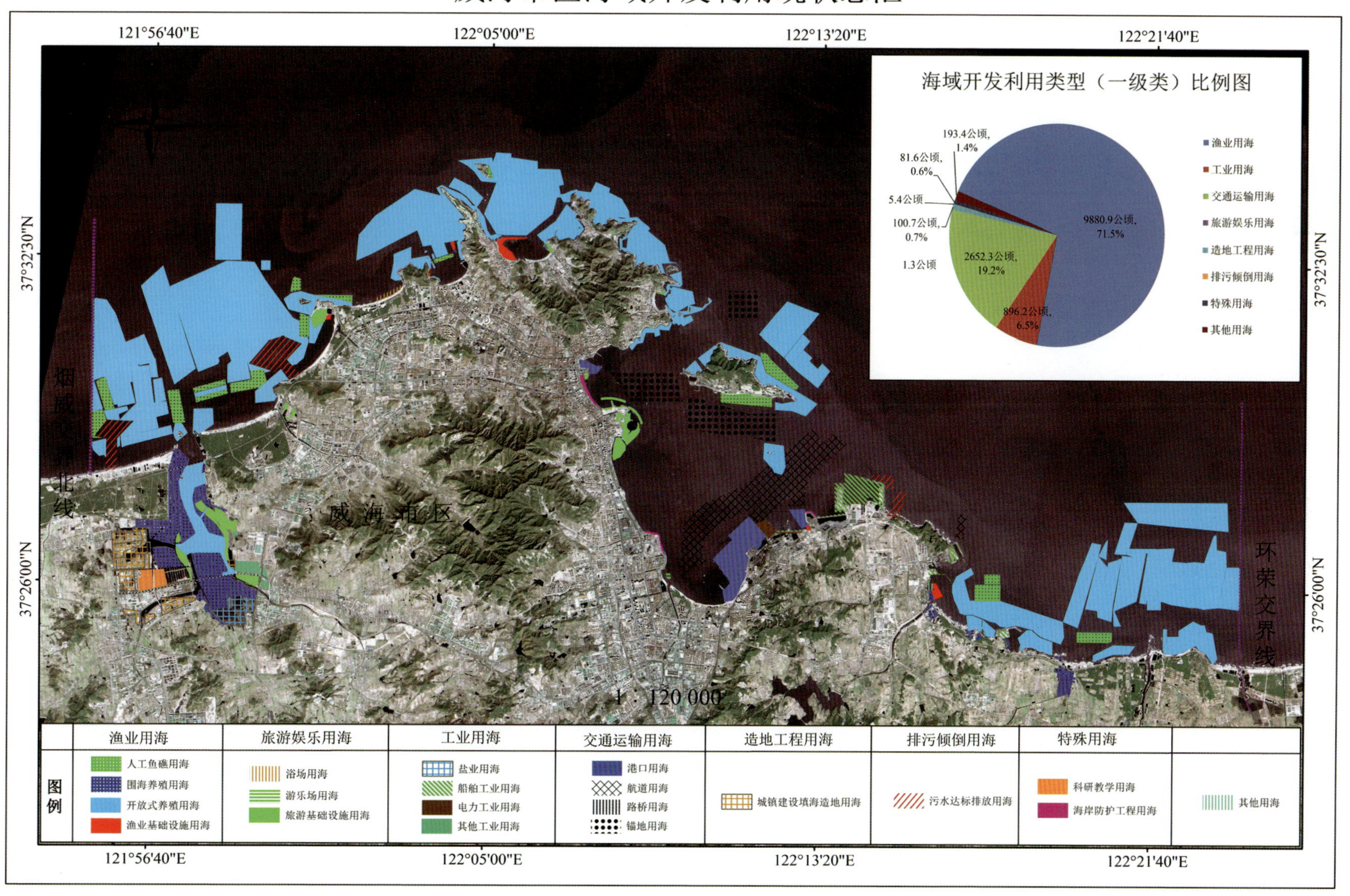

威海市区填海造地用海分布图

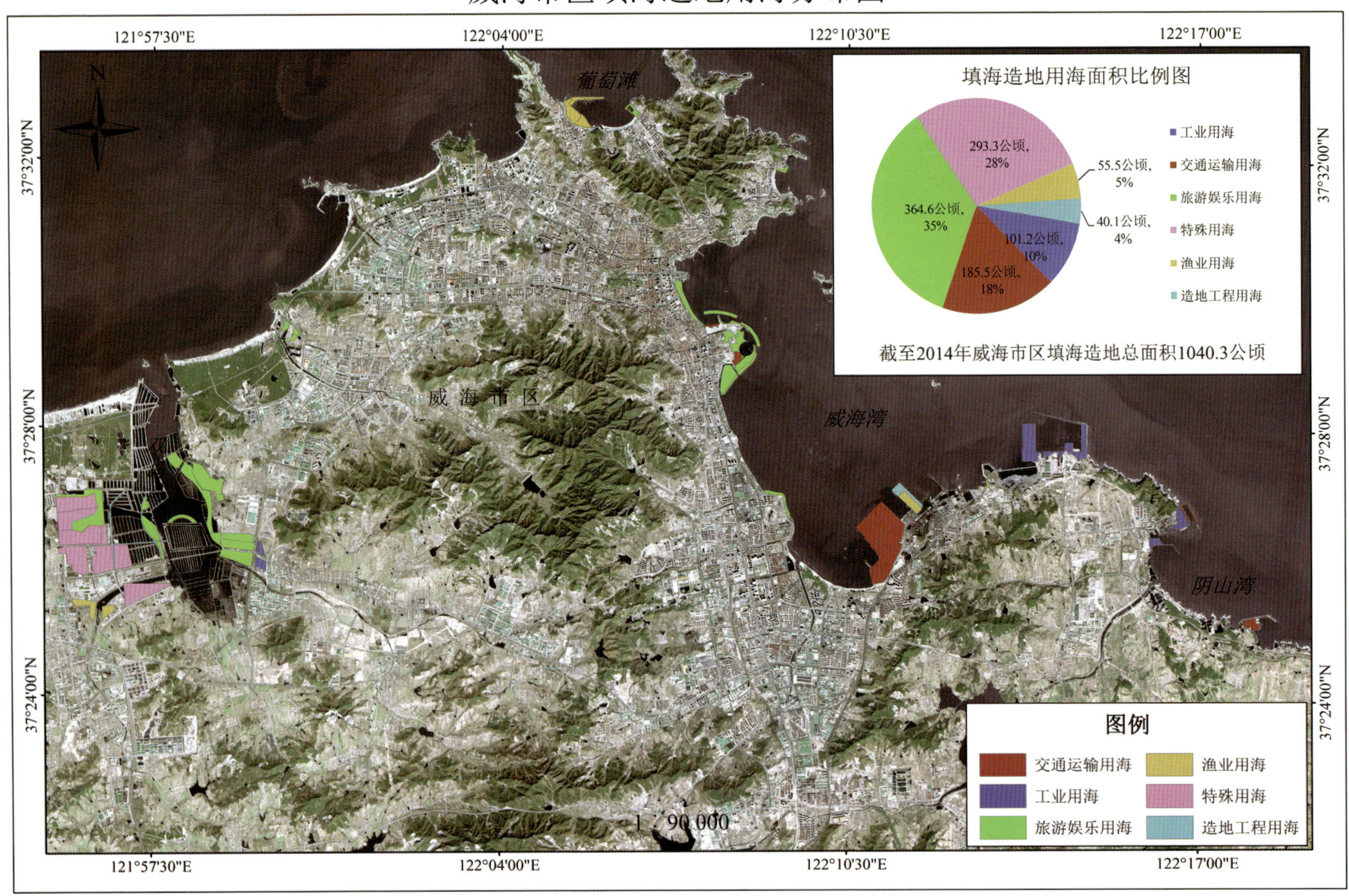

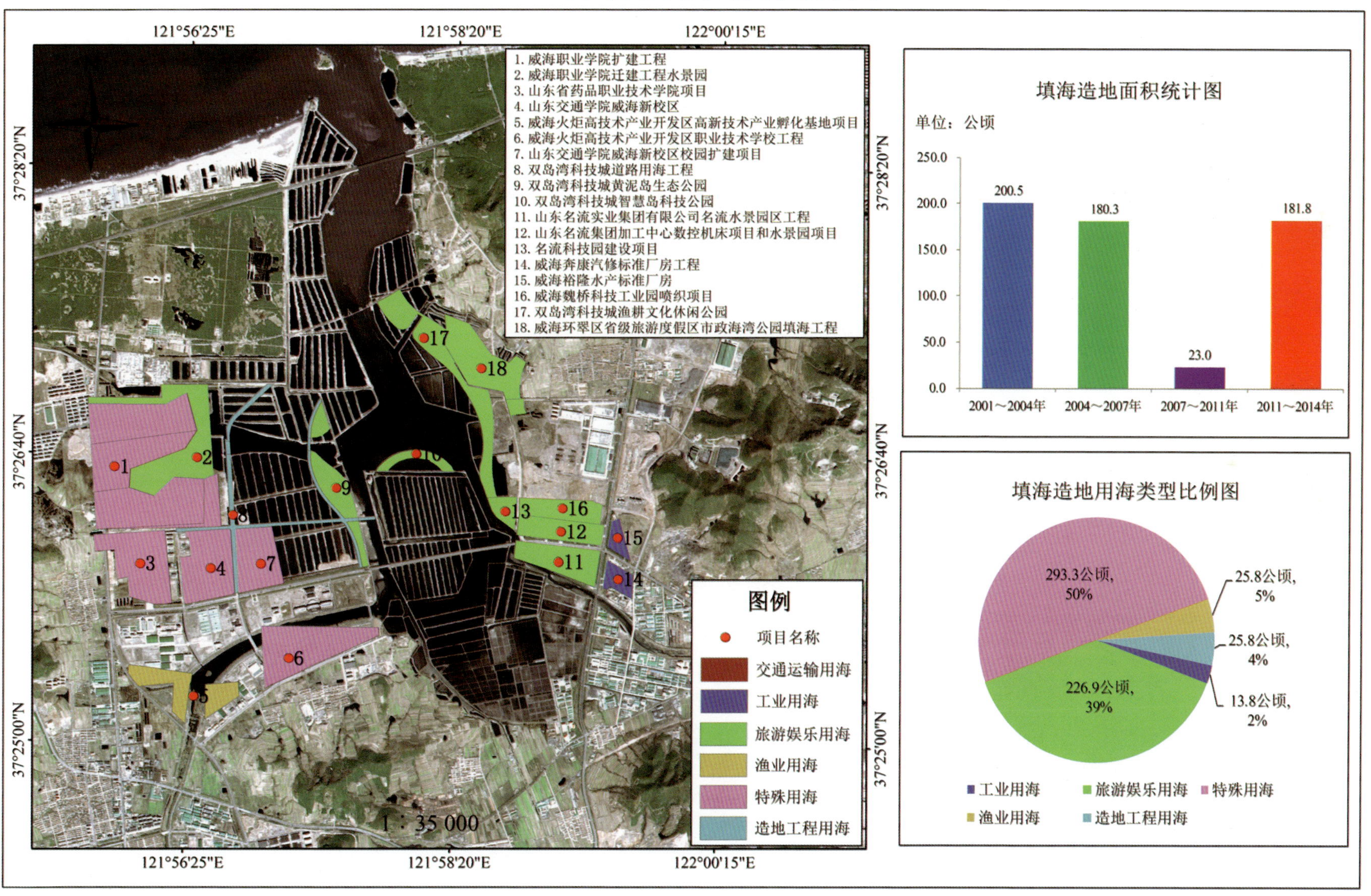

双岛湾填海造地用海图
121°56'25"E
121°58'20"E
122°00'15"E
37°28'20"N
37°26'40"N
37°25'00"N
1. 威海职业学院扩建工程
2. 威海职业学院迁建工程水景园
3. 山东省药品职业技术学院项目
4. 山东交通学院威海新校区
5. 威海火炬高技术产业开发区高新技术产业孵化基地项目
6. 威海火炬高技术产业开发区职业技术学校工程
7. 山东交通学院威海新校区校园扩建项目
8. 双岛湾科技城道路用海工程
9. 双岛湾科技城黄泥岛生态公园
10. 双岛湾科技城智慧岛科技公园
11. 山东名流实业集团有限公司名流水景园区工程
12. 山东名流集团加工中心数控机床项目和水景园项目
13. 名流科技园建设项目
14. 威海奔康汽修标准厂房工程
15. 威海裕隆水产标准厂房
16. 威海魏桥科技工业园喷织项目
17. 双岛湾科技城渔耕文化休闲公园
18. 威海环翠区省级旅游度假区市政海湾公园填海工程
图例
项目名称
交通运输用海
工业用海
旅游娱乐用海
渔业用海
特殊用海
造地工程用海
1 : 35 000
填海造地面积统计图
单位：公顷
250.0
200.0
150.0
100.0
50.0
0.0
200.5
180.3
23.0
181.8
2001～2004年
2004～2007年
2007～2011年
2011～2014年
填海造地用海类型比例图
293.3公顷, 50%
226.9公顷, 39%
25.8公顷, 5%
25.8公顷, 4%
13.8公顷, 2%
工业用海
旅游娱乐用海
特殊用海
渔业用海
造地工程用海

葡萄滩填海造地用海图

122°05'15"E
122°06'00"E
122°06'45"E
37°33'20"N
37°32'40"N
37°32'00"N
N
葡萄滩
威海中心渔港建设项目
威海中心渔港疏港道路及海岸带环境综合整治项目
威海金海国际游艇度假基地工程
1：15 000
图例
项目名称
渔业用海
旅游娱乐用海
填海造地面积统计图
单位：公顷
30.0
25.0
20.0
15.0
10.0
5.0
0.0
0
24.1
4.9
8.4
2001～2004年
2004～2007年
2007～2011年
2011～2014年
填海造地用海类型比例图
32.5公顷，87%
4.9公顷，13%
旅游娱乐用海
渔业用海

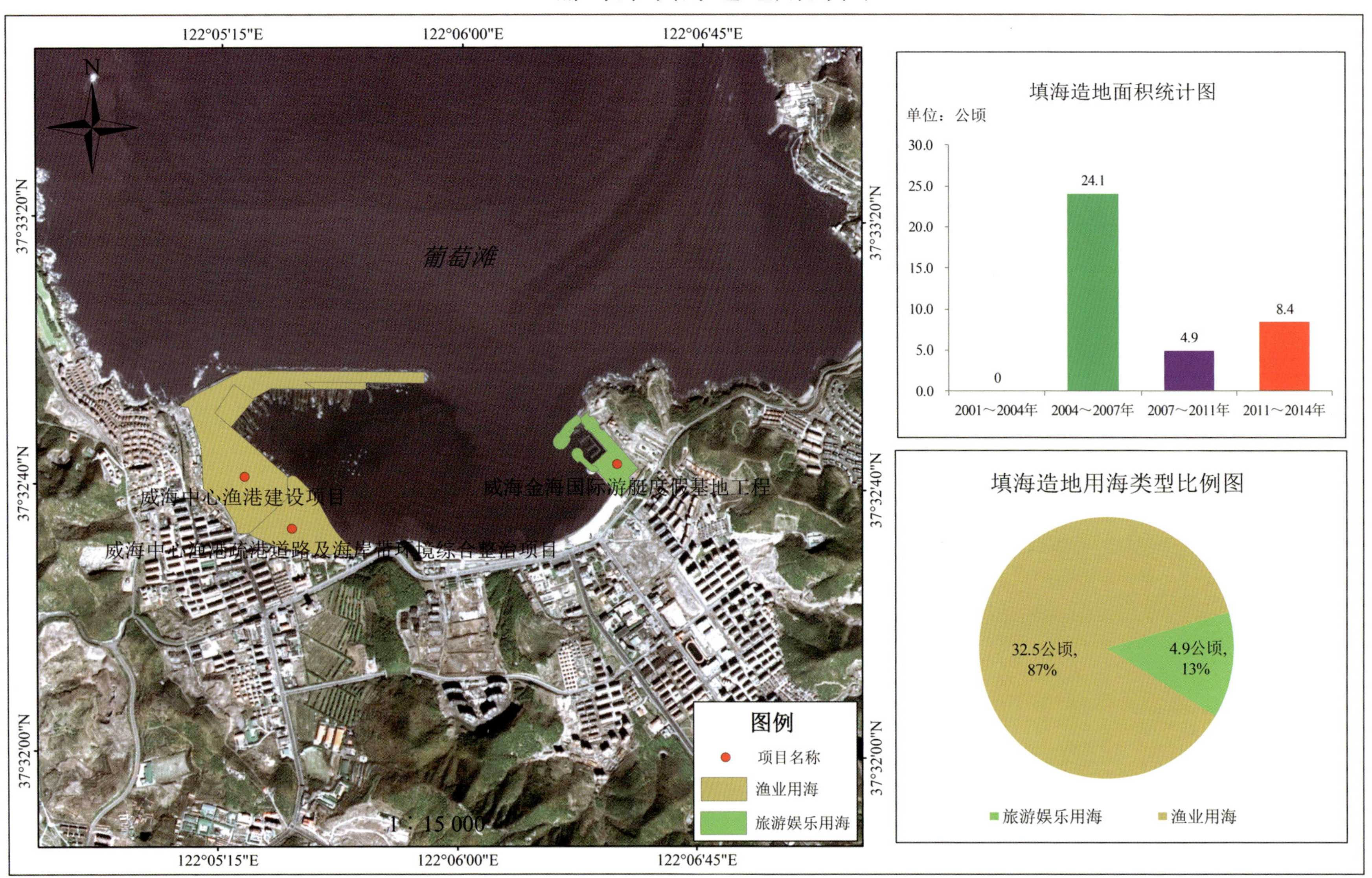

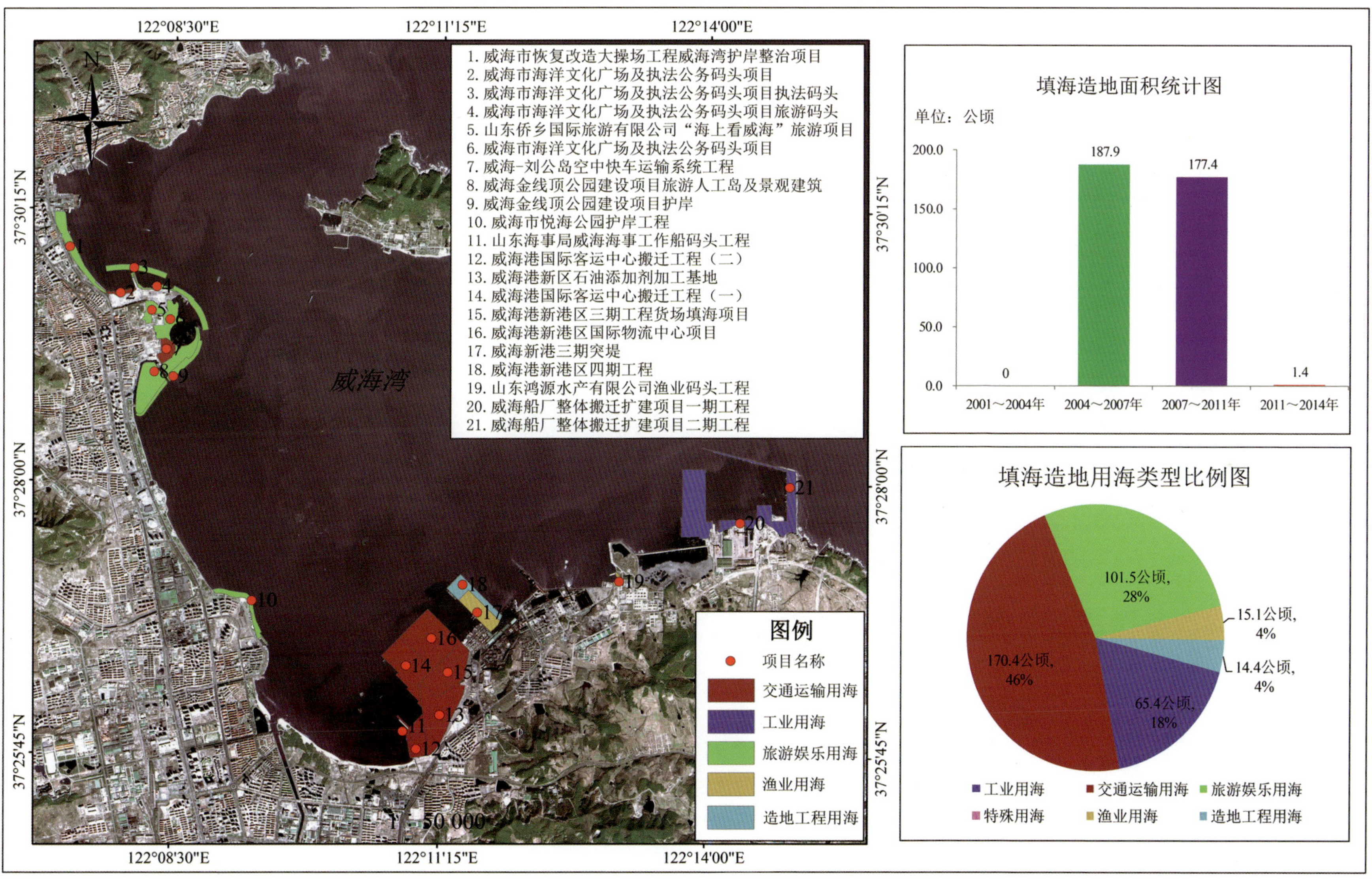
威海湾填海造地用海图
122°08'30"E
122°11'15"E
122°14'00"E
37°30'15"N
37°28'00"N
37°25'45"N
N
1. 威海市恢复改造大操场工程威海湾护岸整治项目
2. 威海市海洋文化广场及执法公务码头项目
3. 威海市海洋文化广场及执法公务码头项目执法码头
4. 威海市海洋文化广场及执法公务码头项目旅游码头
5. 山东侨乡国际旅游有限公司“海上看威海”旅游项目
6. 威海市海洋文化广场及执法公务码头项目
7. 威海-刘公岛空中快车运输系统工程
8. 威海金线顶公园建设项目旅游人工岛及景观建筑
9. 威海金线顶公园建设项目护岸
10. 威海市悦海公园护岸工程
11. 山东海事局威海海事工作船码头工程
12. 威海港国际客运中心搬迁工程（二）
13. 威海港新区石油添加剂加工基地
14. 威海港国际客运中心搬迁工程（一）
15. 威海港新港区三期工程货场填海项目
16. 威海港新港区国际物流中心项目
17. 威海新港三期突堤
18. 威海港新港区四期工程
19. 山东鸿源水产有限公司渔业码头工程
20. 威海船厂整体搬迁扩建项目一期工程
21. 威海船厂整体搬迁扩建项目二期工程
威海湾
图例
项目名称
交通运输用海
工业用海
旅游娱乐用海
渔业用海
造地工程用海
1:50 000
填海造地面积统计图
单位：公顷
200.0
150.0
100.0
50.0
0.0
0
187.9
177.4
1.4
2001～2004年
2004～2007年
2007～2011年
2011～2014年
填海造地用海类型比例图
101.5公顷，28%
15.1公顷，4%
14.4公顷，4%
65.4公顷，18%
170.4公顷，46%
工业用海
交通运输用海
旅游娱乐用海
特殊用海
渔业用海
造地工程用海

阴山湾填海造地用海图

122°16'10"E
122°17'20"E
122°18'30"E
37°26'40"N
37°25'50"N
37°25'00"N
N
威海大宇船业有限公司舾装码头及防波堤建设工程
威海大宇船业扩建填海工程
大宇船业二期工程建设项目
威海华东重型装备有限公司船厂工程
阴山湾
威海奔腾港航配套建设基地码头工程
图例
项目名称
工业用海
交通运输用海
1：20 000
填海造地面积统计图
单位：公顷
30.0
25.0
20.0
15.0
10.0
5.0
0.0
2.2
26.4
8.5
0
2001～2004年
2004～2007年
2007～2011年
2011～2014年
填海造地用海类型比例图
15.1公顷，41%
22.0公顷，59%
工业用海
交通运输用海

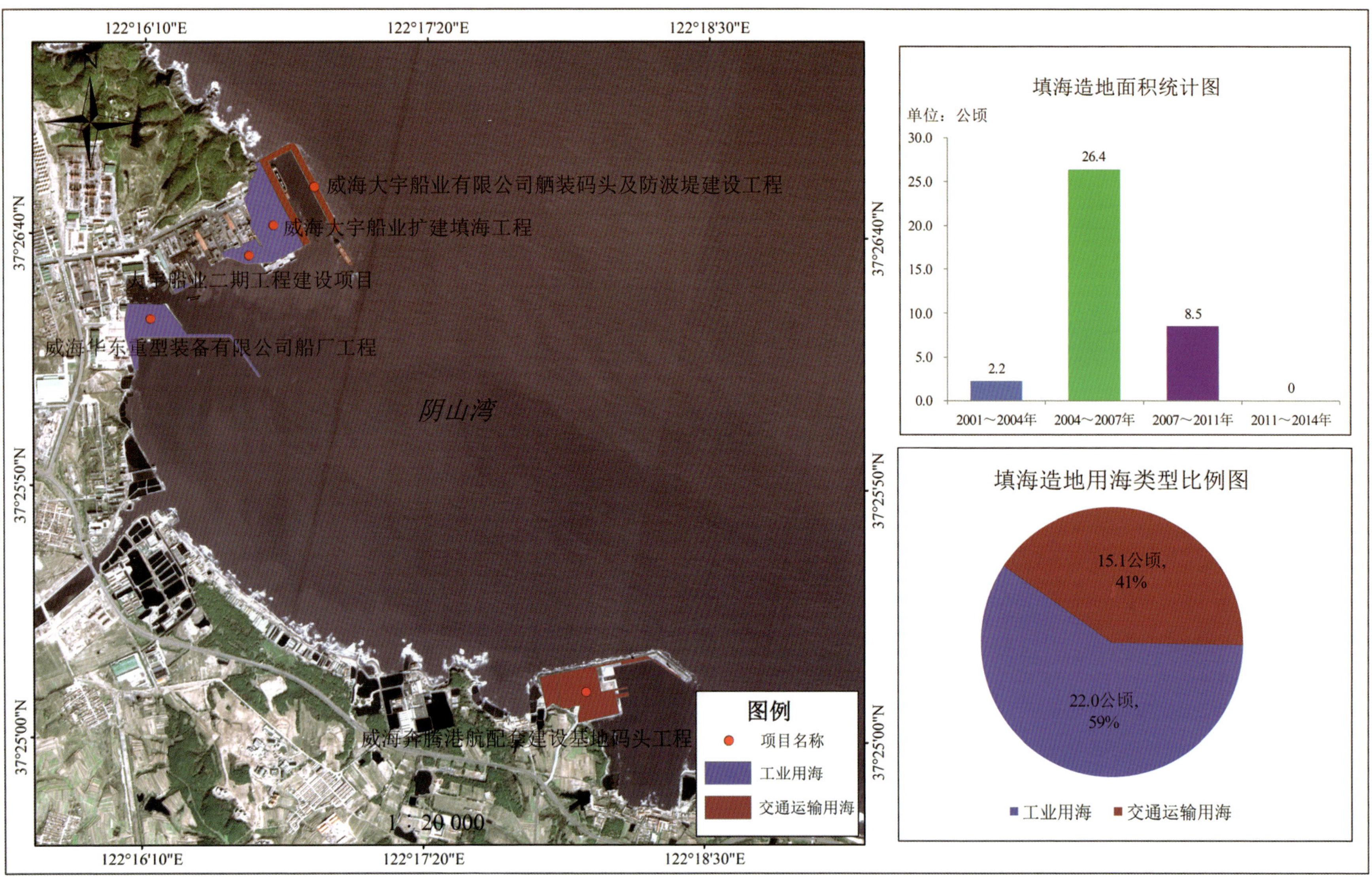

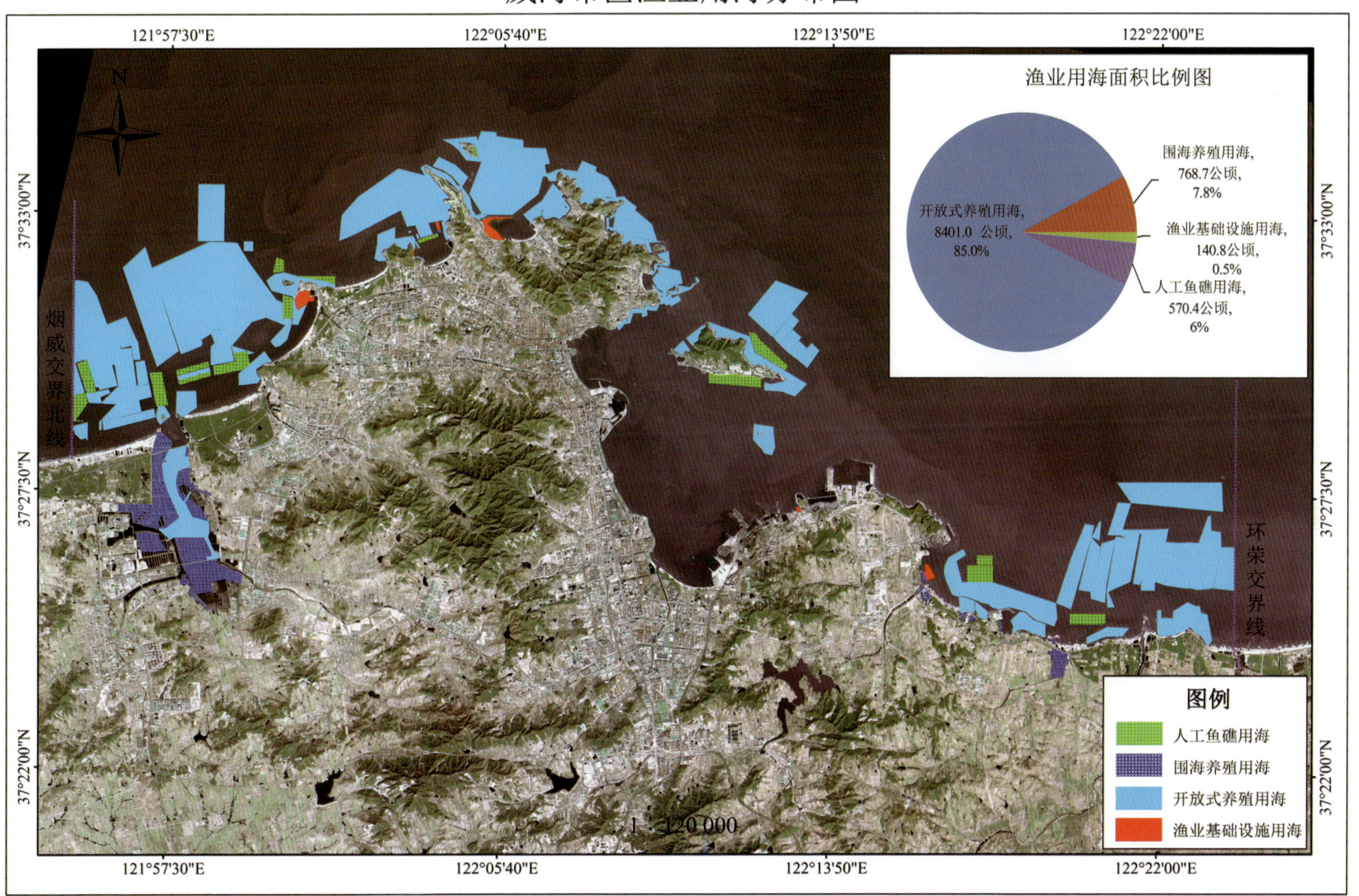
威海市区渔业用海分布图
121°57'30"E
122°05'40"E
122°13'50"E
122°22'00"E
37°33'00"N
37°27'30"N
37°22'00"N
N
烟威交界北线
环荣交界线
渔业用海面积比例图
开放式养殖用海,
8401.0 公顷,
85.0%
围海养殖用海,
768.7公顷,
7.8%
渔业基础设施用海,
140.8公顷,
0.5%
人工鱼礁用海,
570.4公顷,
6%
图例
人工鱼礁用海
围海养殖用海
开放式养殖用海
渔业基础设施用海
1 : 120 000

威海市区开放式养殖用海分布图

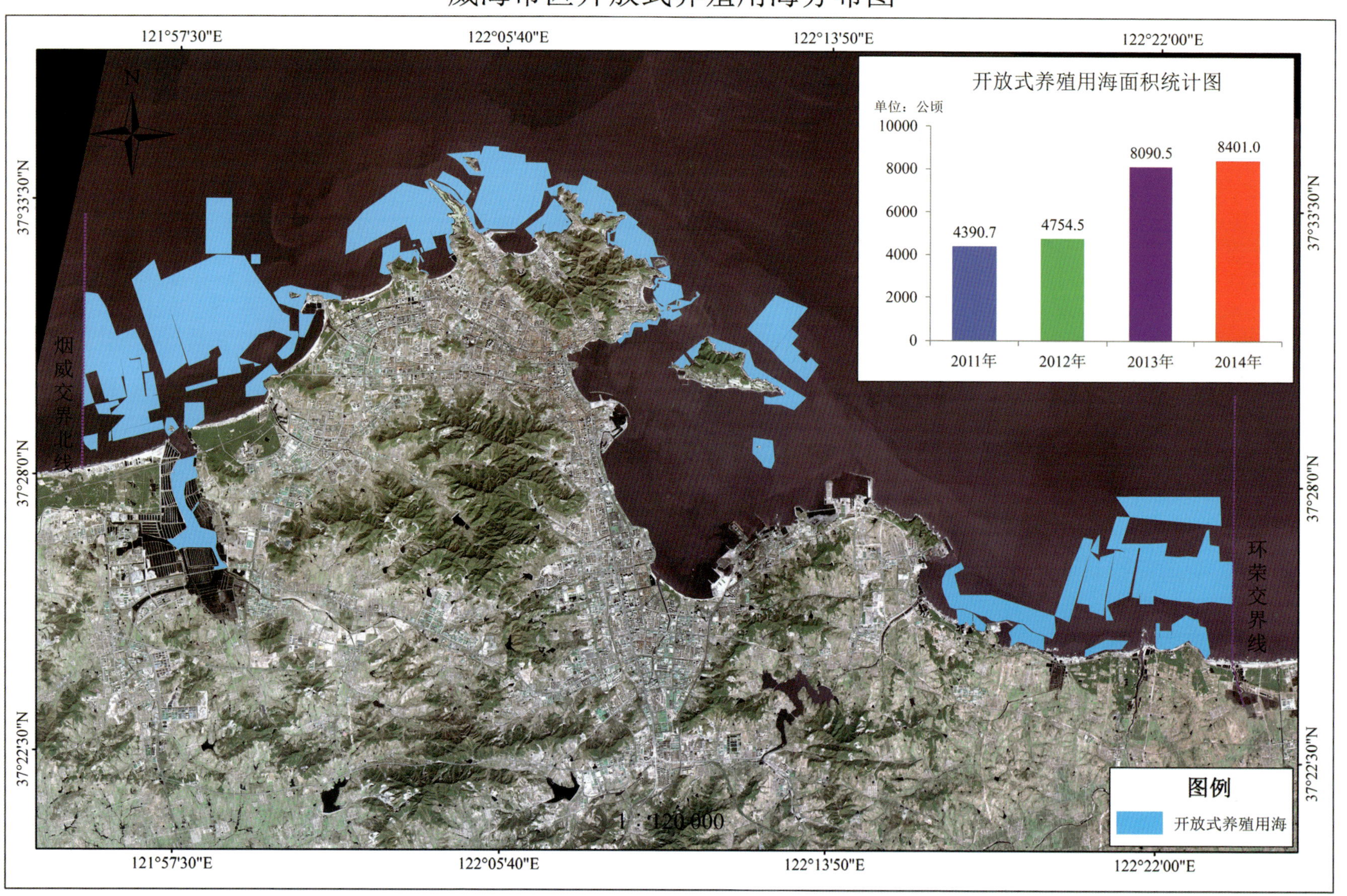

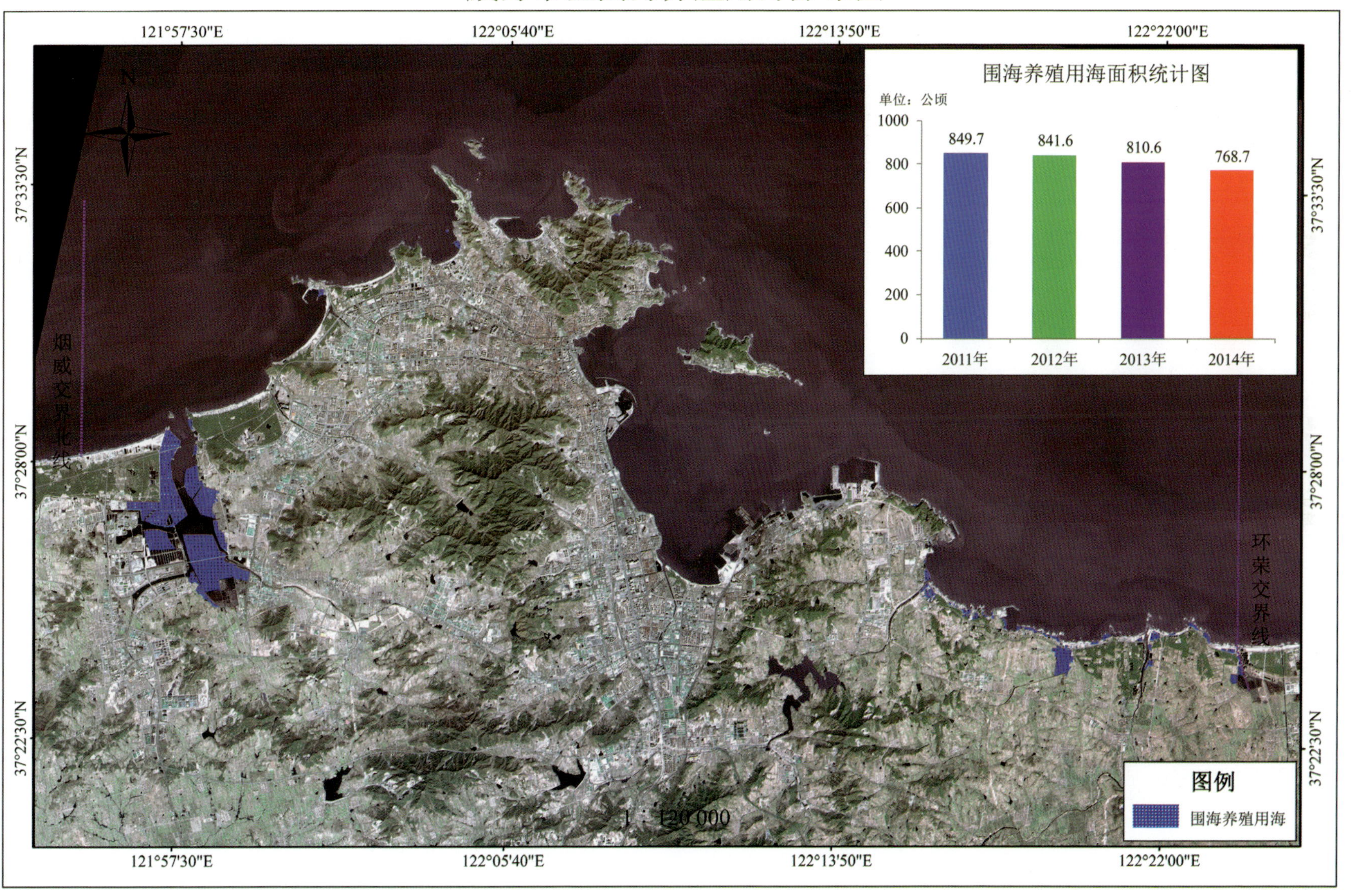
威海市区围海养殖用海分布图
121°57'30"E
122°05'40"E
122°13'50"E
122°22'00"E
37°33'30"N
37°28'00"N
37°22'30"N
N
烟威交界北线
环荣交界线
围海养殖用海面积统计图
单位：公顷
1000
800
600
400
200
0
849.7
841.6
810.6
768.7
2011年
2012年
2013年
2014年
图例
围海养殖用海
1 : 120 000

威海市区人工鱼礁用海分布图

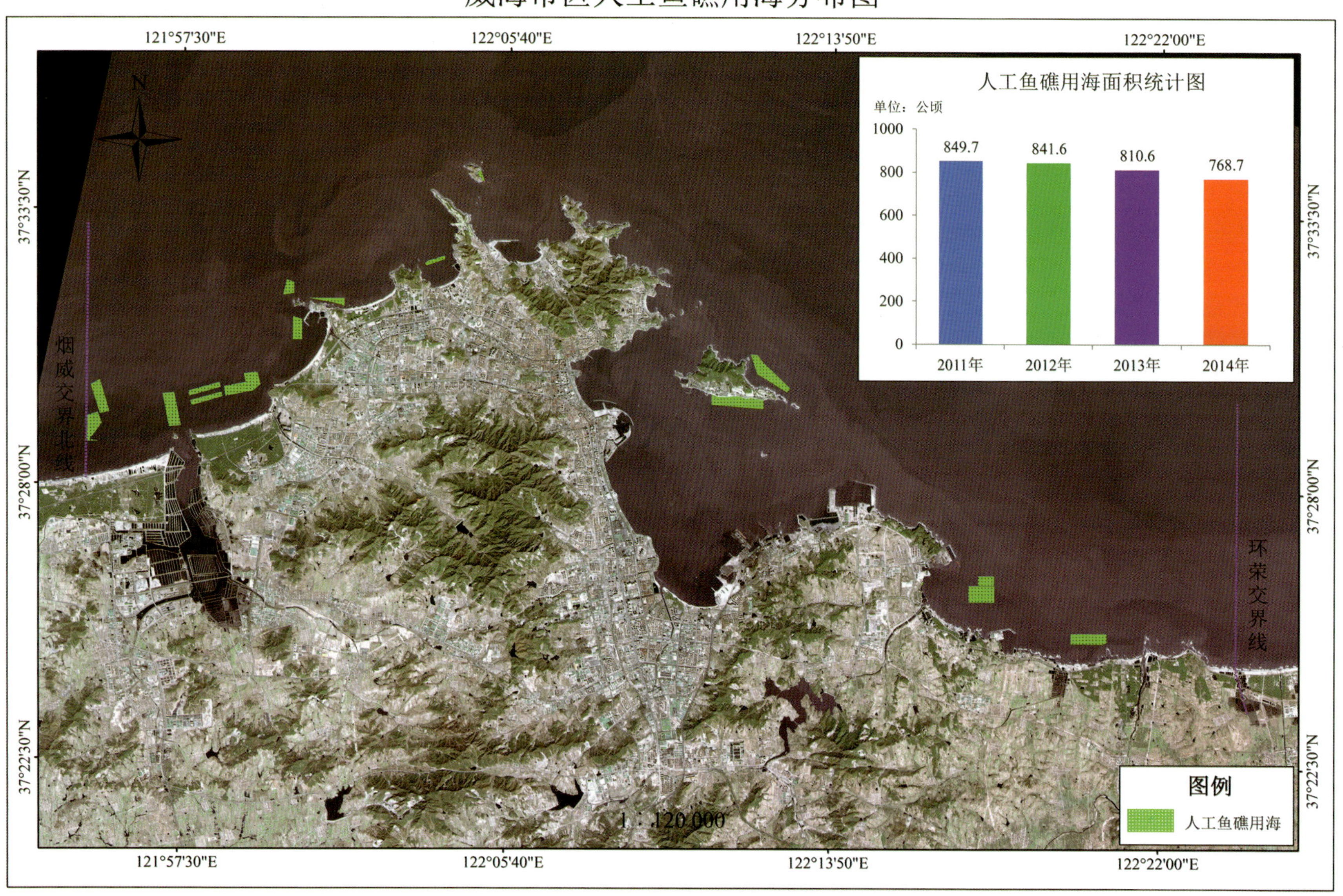

威海市区渔业码头及其附属设施用海分布图

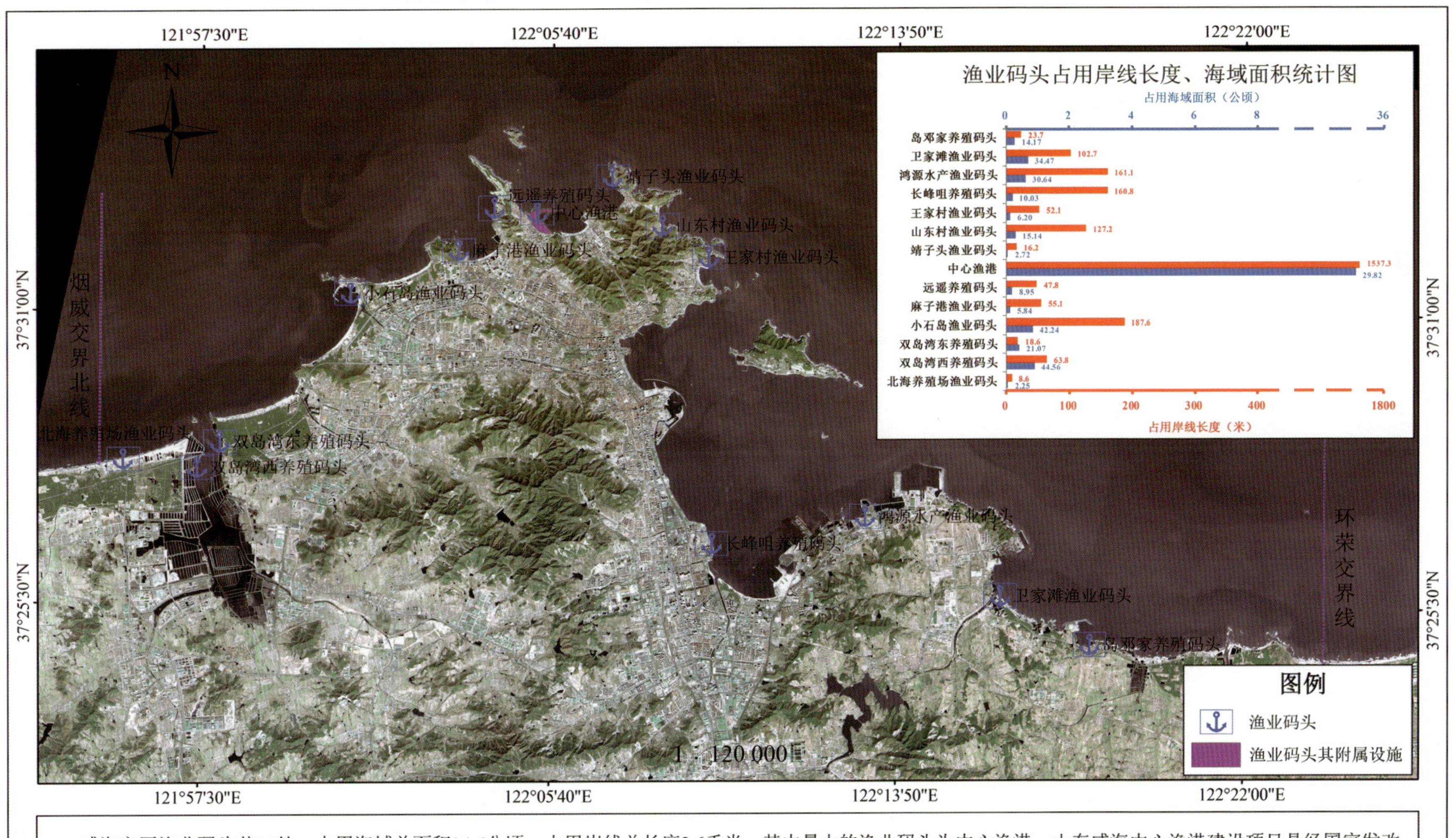

威海市区渔业码头共14处，占用海域总面积34.6公顷，占用岸线总长度2.6千米，其中最大的渔业码头为中心渔港。山东威海中心渔港建设项目是经国家发改委批准，按照国家级中心渔港标准兴建的大型项目。该项目建造码头1.39千米，修筑防波堤1.17千米，征用海域1.77平方千米，填海造地0.24平方千米，形成港池0.4平方千米，提供渔船泊位27个，其中万吨级以上泊位3个，5000吨级泊位6个，能够满足1500艘渔船的靠泊、避风、供给。

威海市区旅游娱乐用海分布图

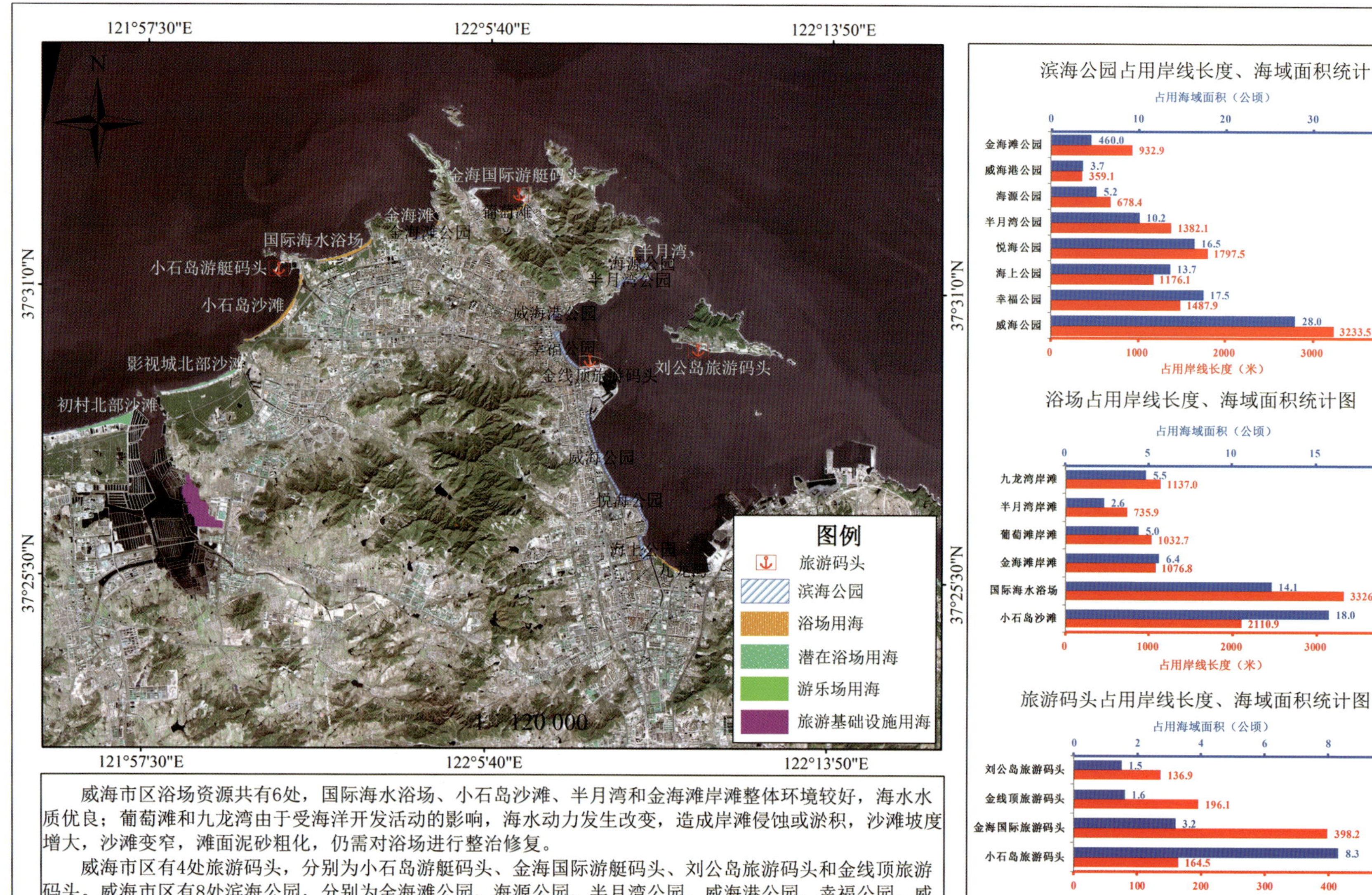

威海市区浴场资源共有6处，国际海水浴场、小石岛沙滩、半月湾和金海滩岸滩整体环境较好，海水水质优良；葡萄滩和九龙湾由于受海洋开发活动的影响，海水动力发生改变，造成岸滩侵蚀或淤积，沙滩坡度增大，沙滩变窄，滩面泥砂粗化，仍需对浴场进行整治修复。

威海市区有4处旅游码头，分别为小石岛游艇码头、金海国际游艇码头、刘公岛旅游码头和金线顶旅游码头。威海市区有8处滨海公园，分别为金海滩公园、海源公园、半月湾公园、威海港公园、幸福公园、威海公园、海上公园和悦海公园。

威海市区浴场资源分布图

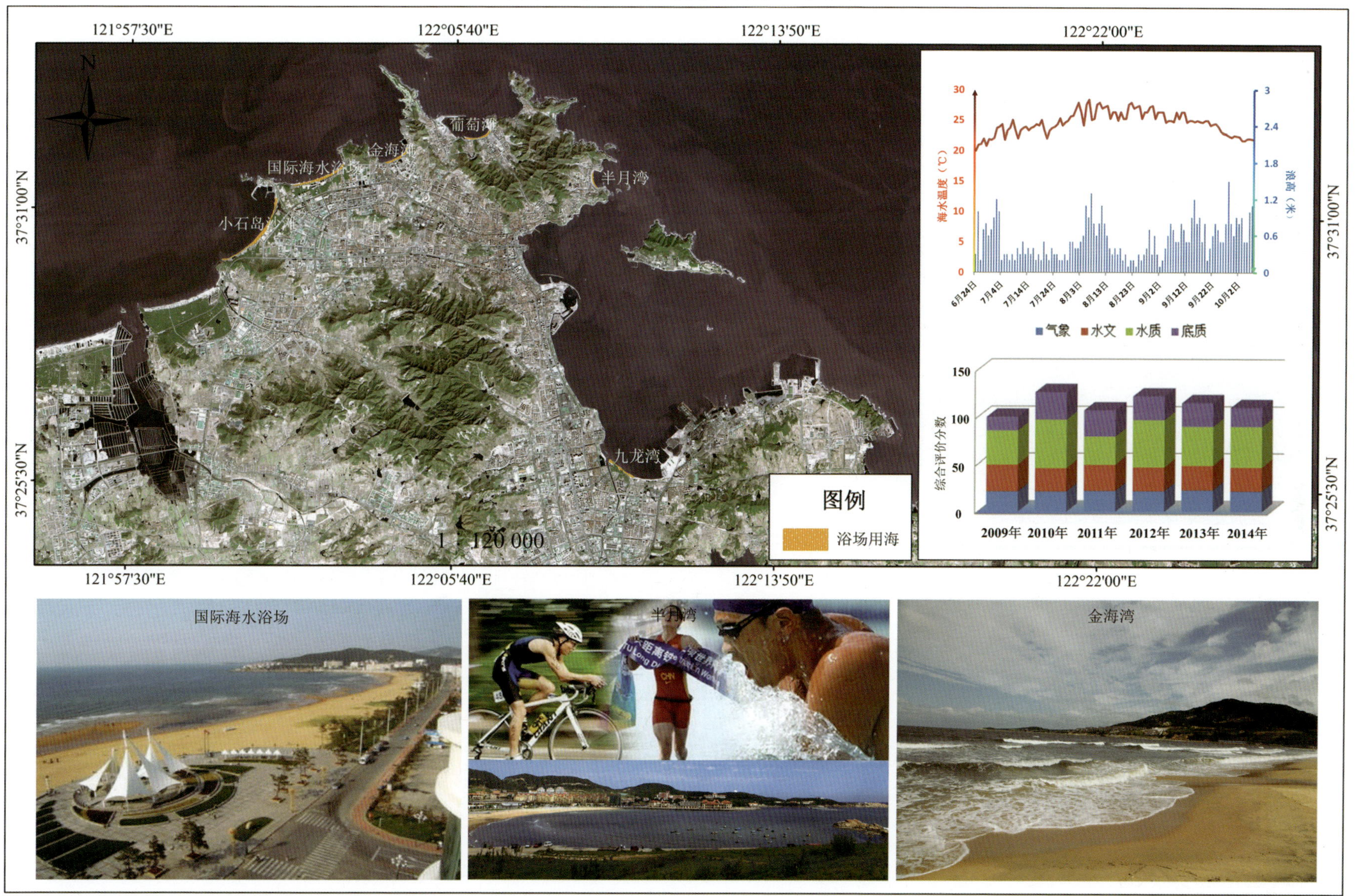

威海市区滨海旅游度假区

2.3　海洋保护区

海洋保护区：以海洋自然环境和自然资源保护为目的，依法把包括保护对象在内的一定面积的海岸、河口、岛屿、湿地或海域选划出来，进行特殊保护和管理的区域。

威海市区海洋特别保护区分布图

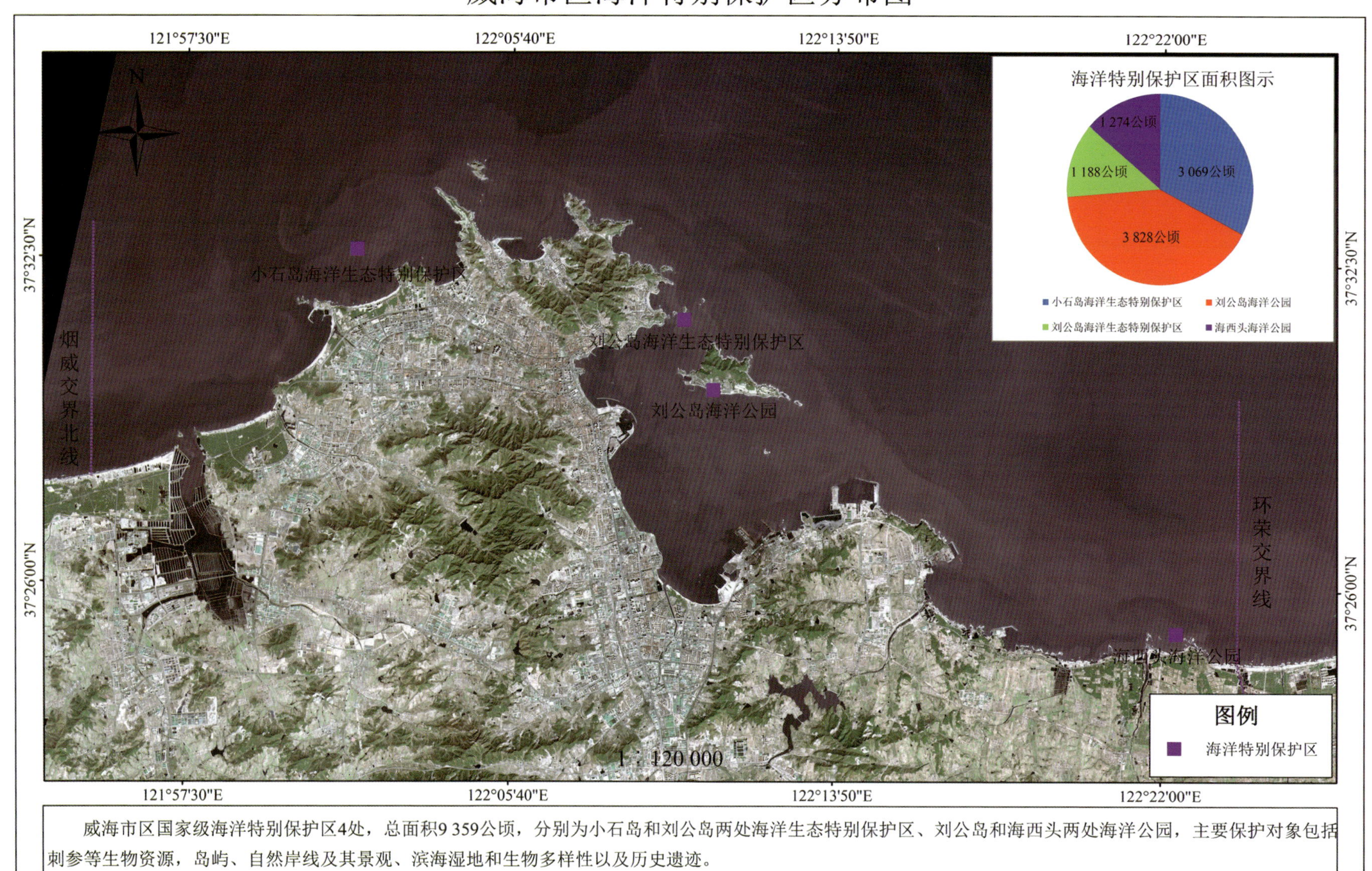

威海市区国家级海洋特别保护区4处，总面积9 359公顷，分别为小石岛和刘公岛两处海洋生态特别保护区、刘公岛和海西头两处海洋公园，主要保护对象包括刺参等生物资源，岛屿、自然岸线及其景观、滨海湿地和生物多样性以及历史遗迹。

威海市区水产种质资源保护区分布图

国家级水产种质资源保护区2处，分别为小石岛国家级刺参水产种质资源保护区、靖子湾国家级水产种质资源保护区，省级水产种质资源保护区4处，分别为北海石鲽、半月湾短蛸、太平洋鲱鱼和刘公岛浅海藻类种质资源保护区。

威海小石岛国家级海洋生态特别保护区

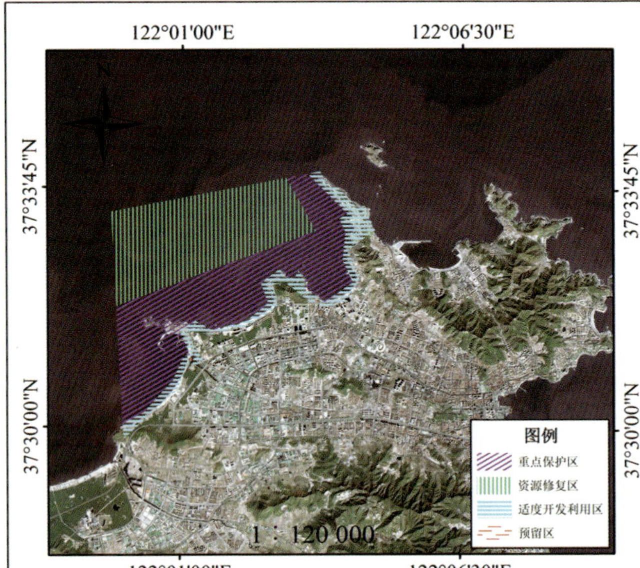

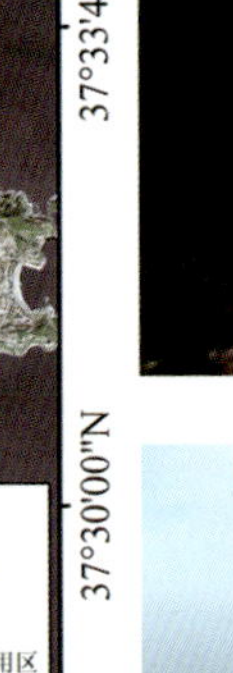

保护区概况

小石岛国家级海洋生态特别保护区批准时间为2011年，总面积3 069.0公顷，其中重点保护区1 436.0公顷，生态与资源恢复区1 240.0公顷，适度利用区389.3公顷，预留区3.7公顷。

保护区旨在保护海洋生物多样性和有价值的自然景观，即刺参种质资源、岛屿及其自然岸线、沙滩、防护林带等，开展养殖容量调查，调整养殖结构，加大增殖放流，逐步恢复各种资源数据，改善区域内海洋环境质量状况，发展海洋、海岛生态旅游产业，促进第三产业的发展，因地制宜、分时管理，探索自然资源和生态环境可持续利用的最佳途径，使人与自然和谐共处，社会经济持续发展。

威海刘公岛国家级海洋公园

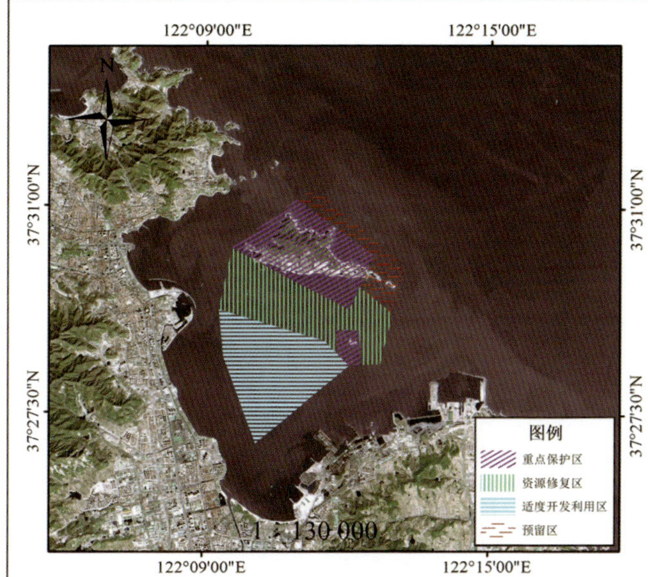

保护区概况

威海刘公岛国家级海洋公园批准时间为2011年，面积为3 828.0公顷，其中，重点保护区804.8公顷，生态与资源恢复区1 816.4公顷，适度利用区893.1公顷，预留区313.7公顷。

保护区旨在保护有代表性、典型性和特殊保护价值的自然景观、自然生态系统和历史遗迹；利用现有自然属性，在不破坏海域或海岛的地质地貌、生态环境和资源特征的基础上，适度开展生产经营和项目建设活动，建立协调的生态经济模式，促进区域内原有产业的生态化；与保护区总体规划相协调，探索海洋资源最优开发秩序，达到最佳资源效益和经济效益。

2.4 海域岸滩修复

海域岸滩修复：恢复海岸带自然风貌、提高区域内海洋生态系统服务功能，维持海岸带生态系统的稳定，维护区内的沙滩资源、生态环境和生物多样性，切实加强对海岸带的管理和有效保护。

威海市区海域岸滩修复工程分布图

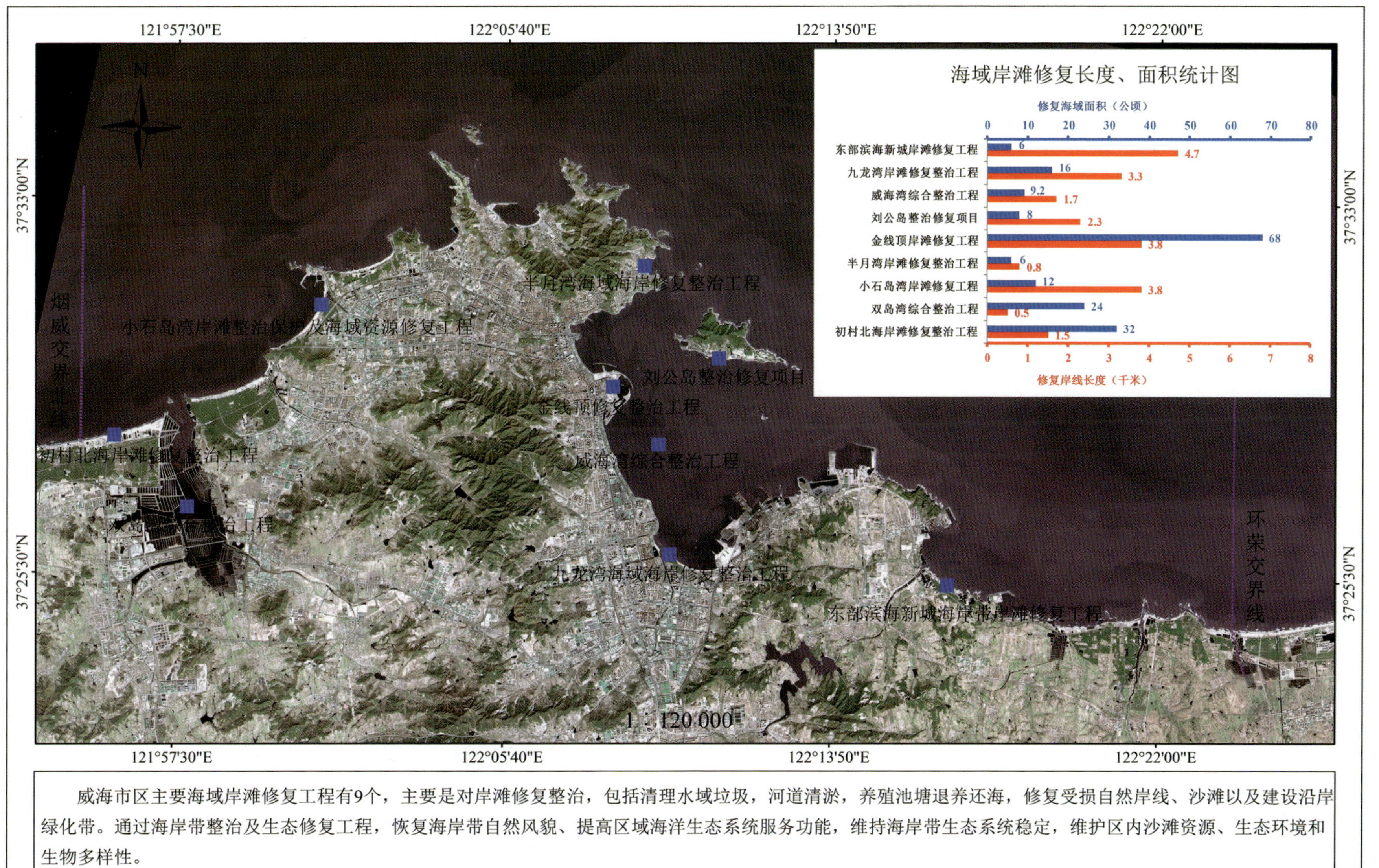

威海市区主要海域岸滩修复工程有9个，主要是对岸滩修复整治，包括清理水域垃圾，河道清淤，养殖池塘退养还海，修复受损自然岸线、沙滩以及建设沿岸绿化带。通过海岸带整治及生态修复工程，恢复海岸带自然风貌、提高区域海洋生态系统服务功能，维持海岸带生态系统稳定，维护区内沙滩资源、生态环境和生物多样性。

小石岛湾岸滩整治保护及海域资源修复工程

工程概况

小石岛湾岸滩整治保护及海域资源修复工程位于威海高新技术产业开发区小石岛湾区域，岸线长3.8千米。

小石岛湾岸滩整治保护及海域资源修复工程，主要对小石岛湾北部沿线岸滩进行修复整治，并开展海域资源修复实验，包括：岸滩建筑垃圾清理、河道清淤、涝台河排水区整治、沙滩整治修复、海域资源修复（投放藻礁、移植海藻）等，对工程项目开展沙滩海域修复整治动态跟踪监测。旨在通过工程建设，恢复小石岛湾沙滩原貌，改善区域岸滩景观，修复海底荒漠化资源。

九龙湾海域海岸修复整治工程

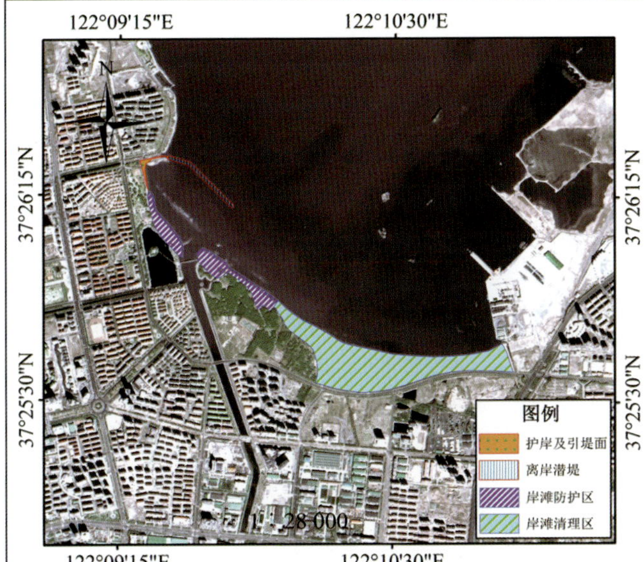

修复前　　　　修复后

工程概况

九龙湾海域海岸修复整治工程位于威海湾南部九龙湾海域，属经济技术开发区。九龙湾岸线总长3.3千米，均为沙滩岸线，北部为海上公园外侧岸线，南部则为未开发岸线。

九龙湾海域海岸修复整治工程包括岸滩防护、岸滩清理和长峰河道清淤三部分。其中岸滩防护为北侧冲刷较严重的部分，为长峰河口至老集河段，长约1.7千米，修建引堤和潜堤；岸滩清理为南侧部分，为老集河至城子段，长约1.6千米，主要拆除海边养殖厂房，清理岸滩人工建筑及垃圾，淤泥开挖量10 851方；长峰河道清淤主要是对长峰河入海口附近河道内淤泥进行清理，改善河口附近水质，恢复岸滩自然地貌。

第3章 海岸带风险

3.1 岸滩冲淤

岸滩冲淤：海岸在海洋动力作用下，沿岸供砂少于沿岸失砂而引起的海岸后退的破坏性过程。狭义的海岸侵蚀仅指自然海岸的侵蚀后退过程；广义的海岸侵蚀除自然海岸的侵蚀外，还包括对海岸的人为破坏过程。

威海市区岸滩冲淤分布图

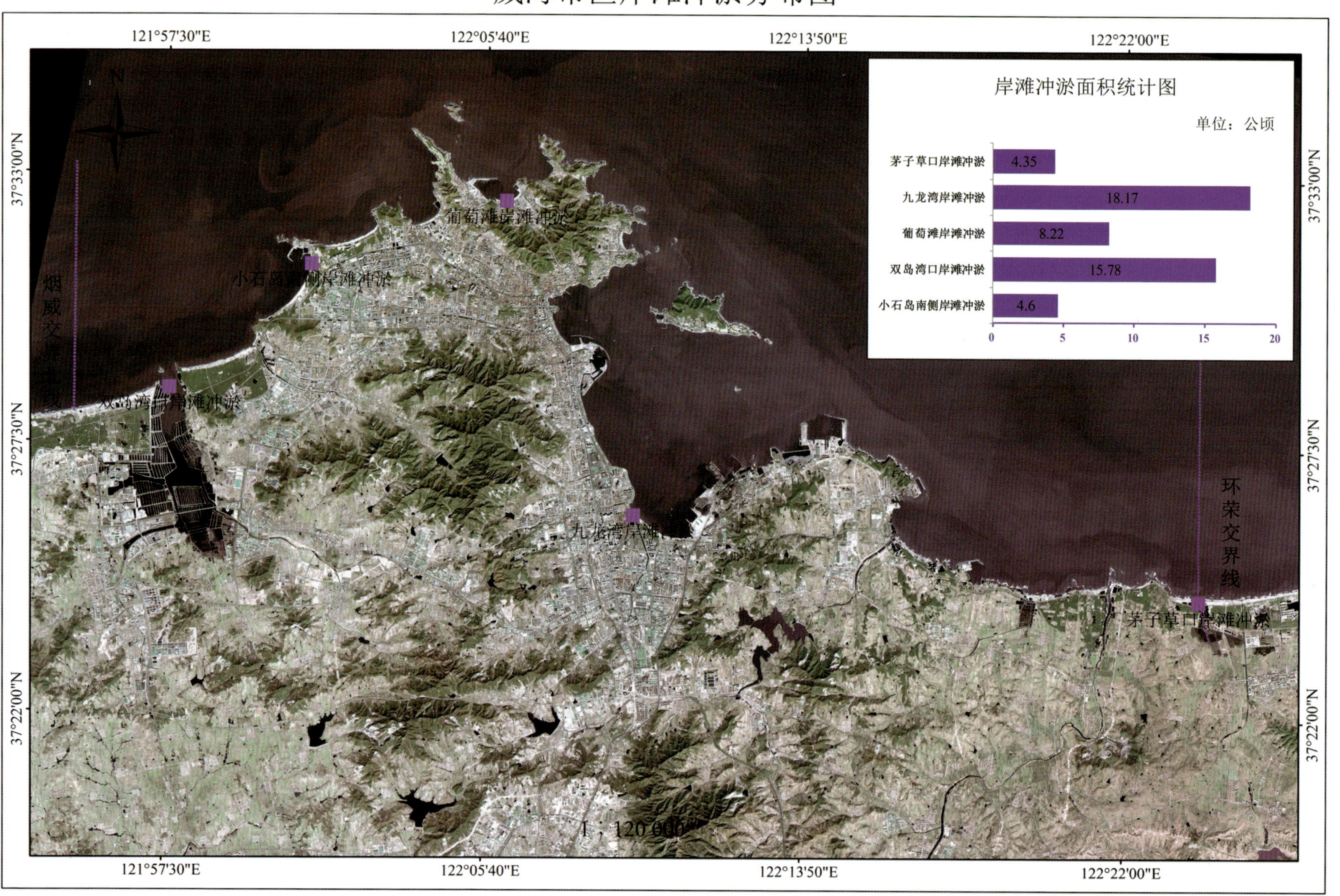

小石岛南侧岸滩冲淤

2014年遥感影像

岸滩冲淤概况

小石岛南侧岸段1沙滩，存在严重的淤积现象。游艇码头和突堤式挡浪坝建设，改变了该海域的水动力条件，造成了该岸段沙滩淤积，2014年淤积情况现场照片如图所示。

小石岛南侧岸段2沙滩，存在严重的侵蚀现象。2014年侵蚀情况现场照片如图所示。该区域存在大量的排污口，沙滩被侵蚀后，裸露大量岩石。

小石岛南侧岸段3沙滩，不存在淤积或侵蚀现象。沙滩呈自然形态，2014年现场照片如图所示。该区域远离游艇码头和突堤式挡浪坝，水动力条件没有变化。

葡萄滩岸滩冲淤

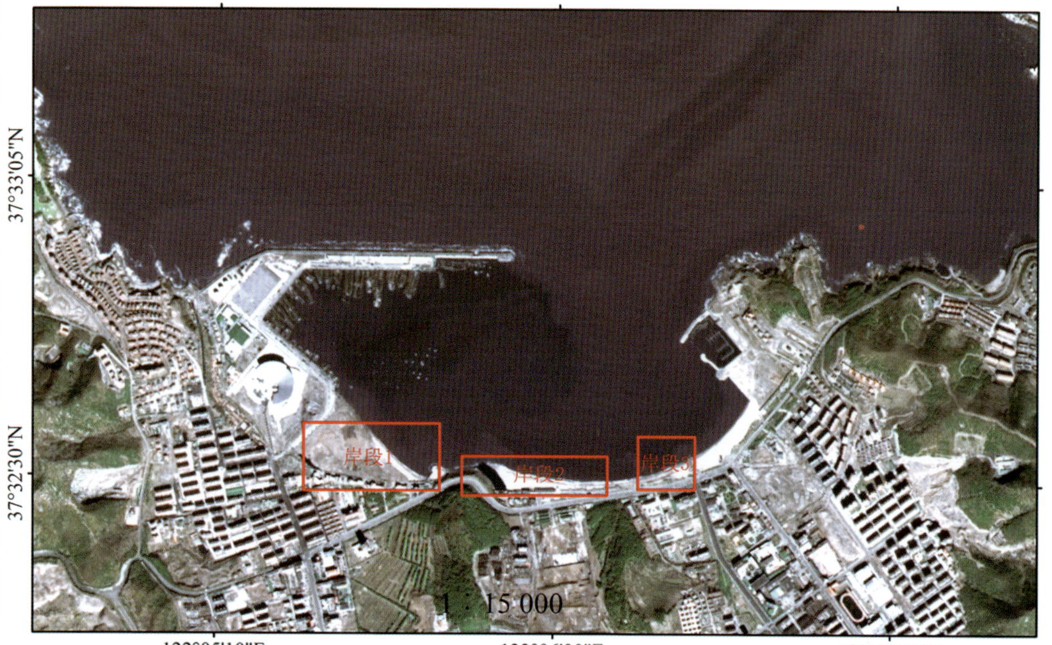

岸滩冲淤概况

葡萄滩岸段1沙滩，存在淤积现象。葡萄滩岸滩上的泥沙由东向西输移，使岸段沙滩不断淤积。2014年淤积情况现场照片如图所示。

葡萄滩岸段2沙滩，存在淤积现象，沙滩面积不大，2014年淤积情况现场照片如图所示。岸段1和岸段2之间有一段凸出的基岩岸线，对由东向西输移的泥沙有一定的阻挡作用，在特定时间段内造成岸段2沙滩出现淤积。

葡萄滩岸段3沙滩，存在严重的侵蚀现象。沙滩面积减少，沙滩顶部流失严重，沙滩底部出现大量裸露碎石，2014年侵蚀情况现场照片如图所示。葡萄滩岸滩上的泥沙由东向西输移，使岸段3沙滩的泥沙不断被运走，沙滩发生侵蚀。

岸段1

岸段2

岸段3

九龙湾岸滩冲淤

2014年遥感影像

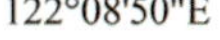

岸滩冲淤概况

九龙湾岸段1沙滩，侵蚀情况严重，沙滩底部有砾石堆积，侵蚀情况现场照片如图所示。由于人工运沙，高潮线以上沙量增加；因离岸潜堤还未建成，高潮线以下沙滩仍存在侵蚀。

九龙湾岸段2沙滩，存在侵蚀现象，被侵蚀的泥沙在沙滩底部堆积，出现大量裸露碎石，2014年岸段沙滩侵蚀情况如图所示。

九龙湾岸段3沙滩，存在冲淤现象，岸滩被侵蚀，大量泥沙在岸滩底部堆积，2014年岸段沙滩侵蚀情况如图所示。

岸段1

岸段2

岸段3

威海市区岸滩破损分布图

3.2 海岸环境风险

海岸环境风险：影响海岸环境的风险因素，包括陆源入海排水口、溢油风险源、绿潮等。

威海市区陆源入海排水口分布图

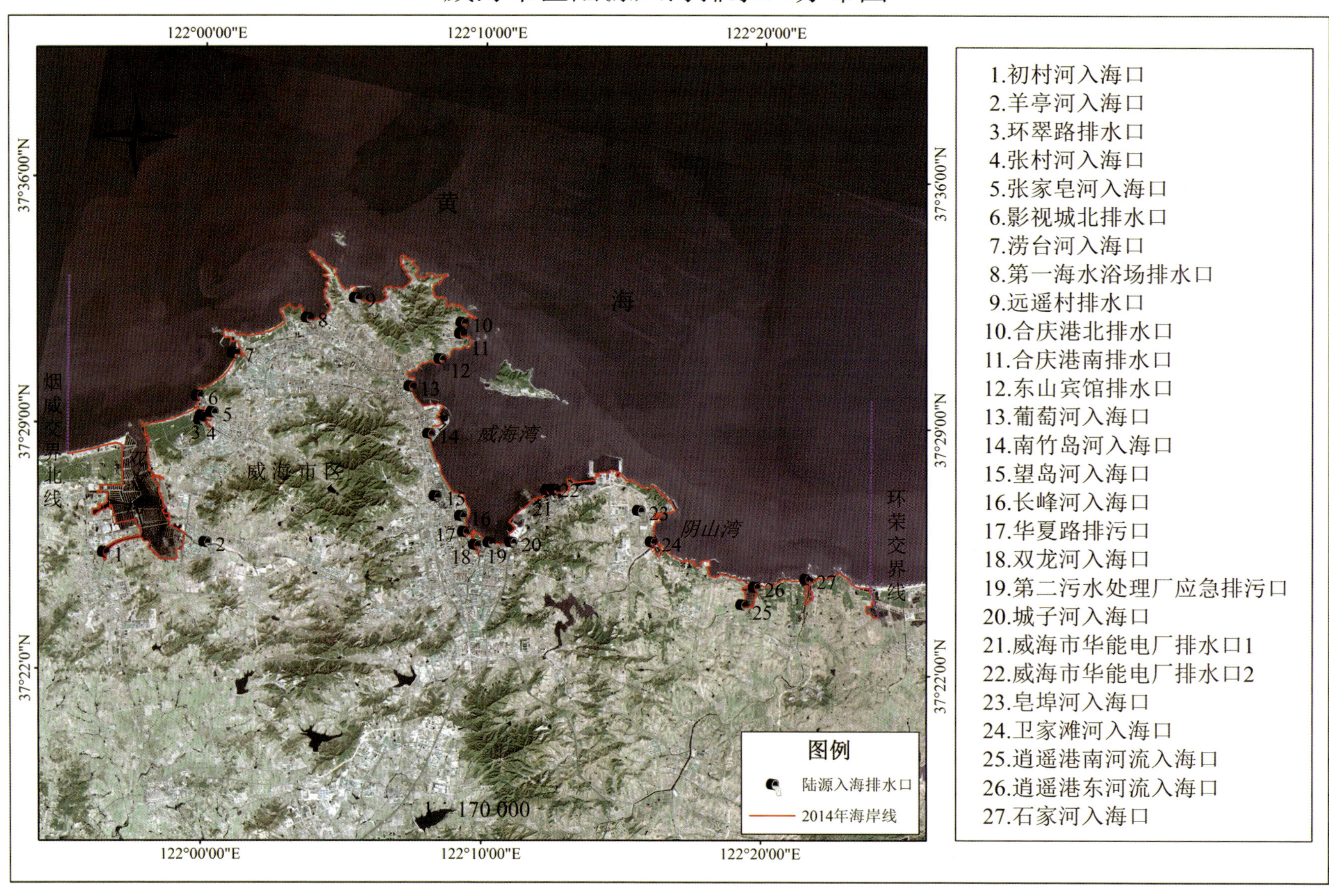

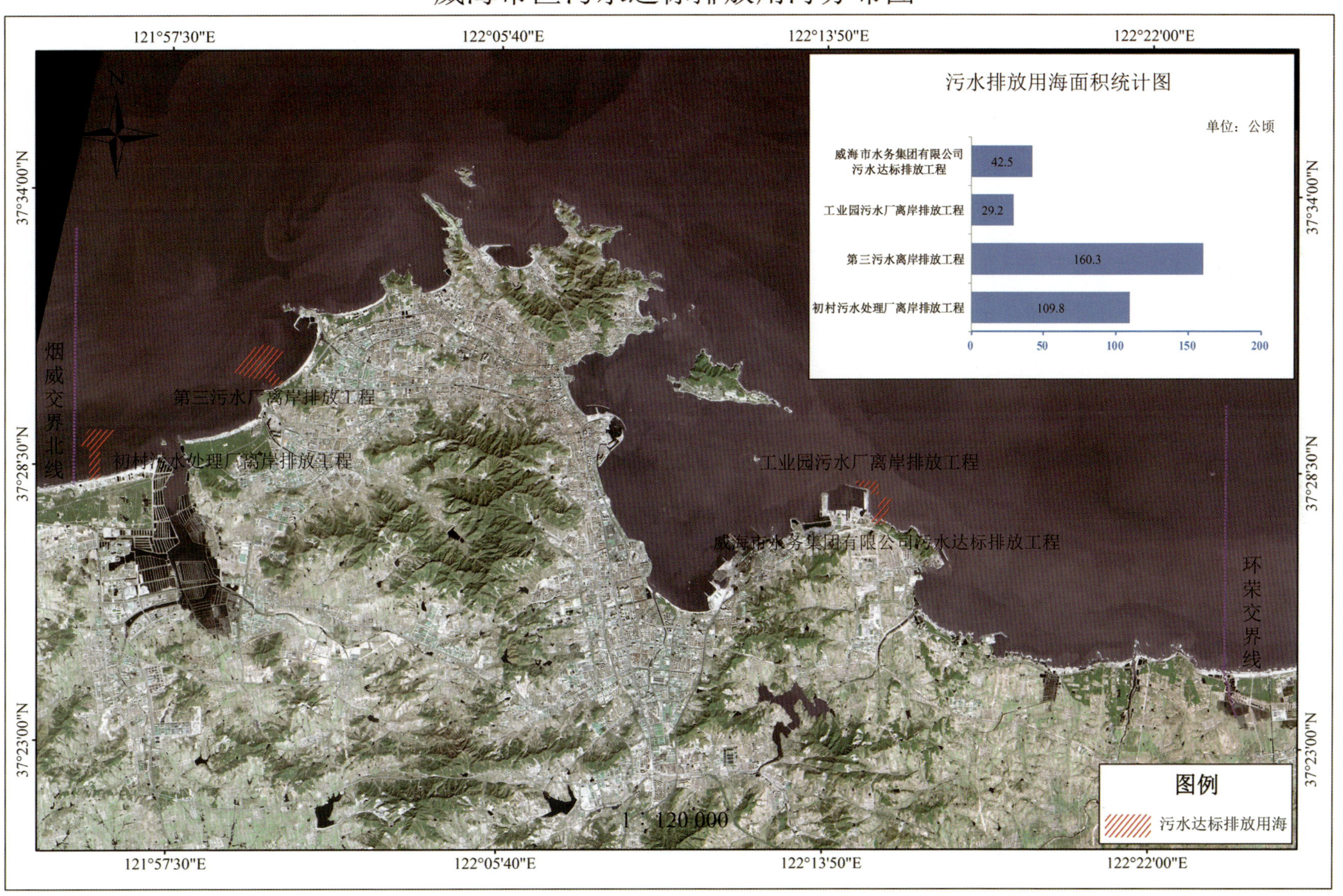
威海市区污水达标排放用海分布图
121°57'30"E
122°05'40"E
122°13'50"E
122°22'00"E
37°34'00"N
37°28'30"N
37°23'00"N
污水排放用海面积统计图
单位：公顷
威海市水务集团有限公司污水达标排放工程 42.5
工业园污水厂离岸排放工程 29.2
第三污水离岸排放工程 160.3
初村污水处理厂离岸排放工程 109.8
0
50
100
150
200
第三污水厂离岸排放工程
初村污水处理厂离岸排放工程
工业园污水厂离岸排放工程
威海市水务集团有限公司污水达标排放工程
烟威交界北线
环荣交界线
1：120 000
图例
污水达标排放用海

初村河入海口

2008～2014年初村河等标污染负荷变化趋势
2000
1800
1600
1400
1200
1000
800
600
400
200
0
2008年3月
2008年5月
2008年8月
2008年10月
2009年4月
2009年6月
2009年8月
2010年5月
2010年8月
2010年10月
2011年3月
2011年5月
2011年8月
2011年10月
2012年3月
2012年5月
2012年8月
2012年10月
2013年3月
2013年5月
2013年8月
2013年10月
2014年3月
2014年5月
2014年8月
2014年10月
3月份初村河
5月份初村河
2014年初村河各污染物年入海量（吨）
61.12
0.28
10.58
39.43
0.0054
0.0272
0.0035
化学耗氧量
氨-氮
总磷
悬浮物
氰化物
六价铬
重金属
8月份初村河
10月份初村河

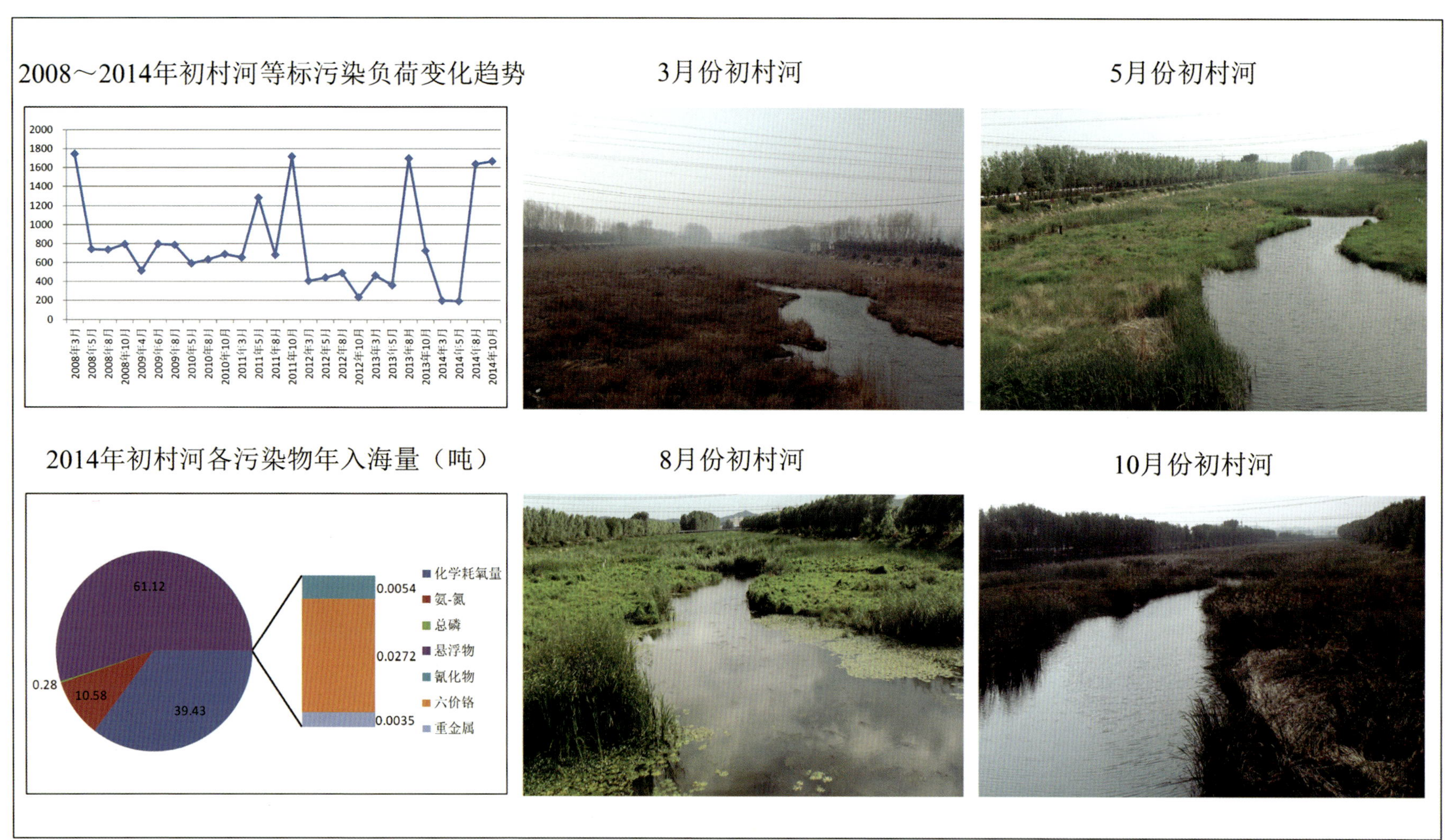

羊亭河入海口

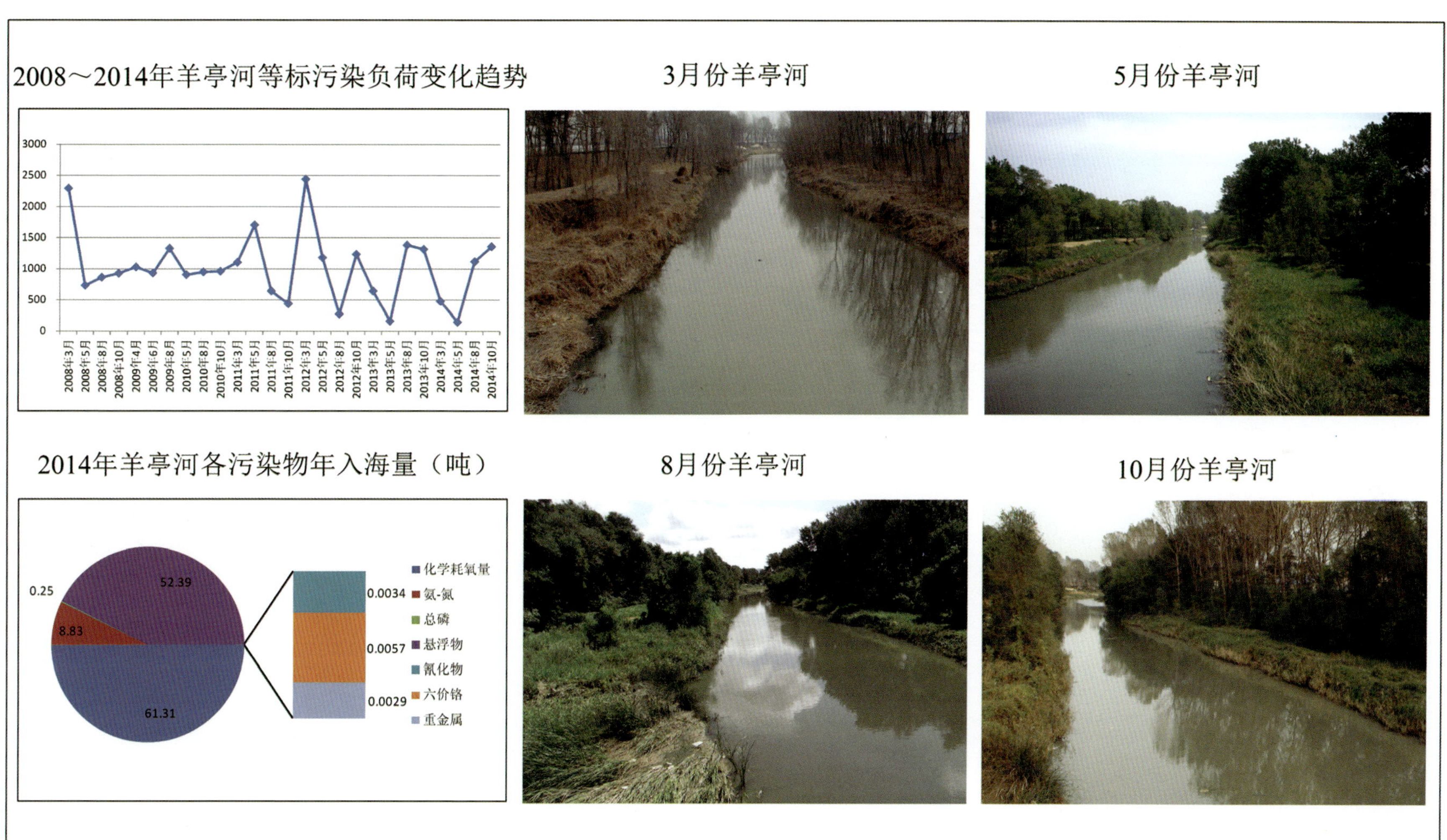

张村河入海口

2008～2014年张村河等标污染负荷变化趋势

12000
10000
8000
6000
4000
2000
0
2008年8月 2008年10月 2009年4月 2009年6月 2009年8月 2010年5月 2010年8月 2010年10月 2011年3月 2011年5月 2011年8月 2011年10月 2012年3月 2012年5月 2012年8月 2012年10月 2013年3月 2013年5月 2013年8月 2013年10月 2014年3月 2014年5月 2014年8月 2014年10月

3月份张村河

5月份张村河

2014年张村河各污染物年入海量（吨）

120.49
0.51
42.05
111.07
0.0194
0.0116
0.0167
化学耗氧量
氨-氮
总磷
悬浮物
氰化物
六价铬
重金属

8月份张村河

10月份张村河

涝台河入海口

2008～2014年涝台河等标污染负荷变化趋势

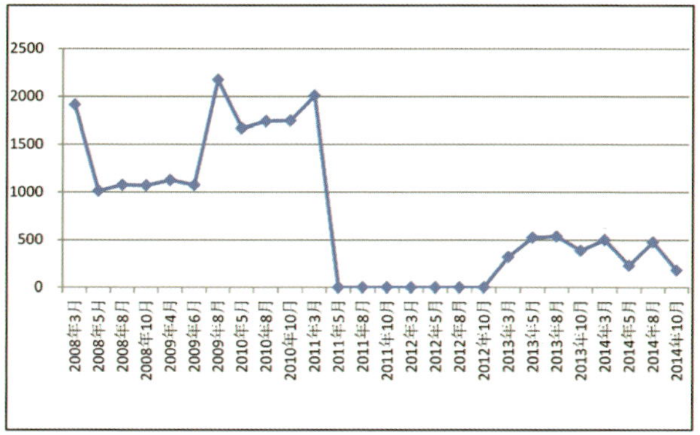

2500
2000
1500
1000
500
0

2008年3月 2008年5月 2008年8月 2008年10月 2009年4月 2009年6月 2009年8月 2010年5月 2010年8月 2010年10月 2011年3月 2011年5月 2011年8月 2011年10月 2012年3月 2012年5月 2012年8月 2012年10月 2013年3月 2013年5月 2013年8月 2013年10月 2014年3月 2014年5月 2014年8月 2014年10月

3月份涝台河

5月份涝台河

2014年涝台河各污染物年入海量（吨）

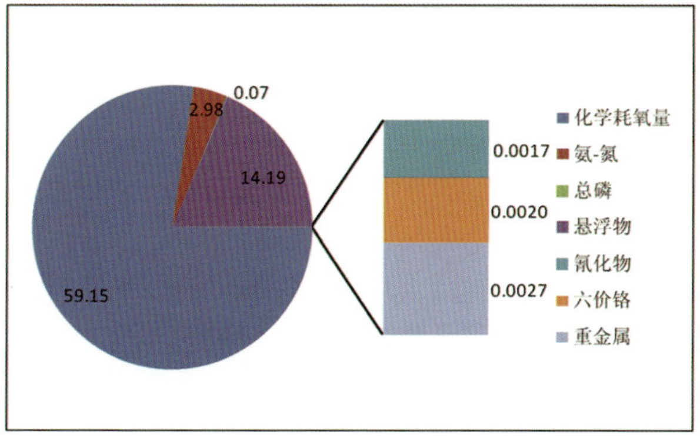

0.07
2.98
14.19
59.15
0.0017
0.0020
0.0027

化学耗氧量
氨-氮
总磷
悬浮物
氰化物
六价铬
重金属

8月份涝台河

10月份涝台河

第一海水浴场排水口

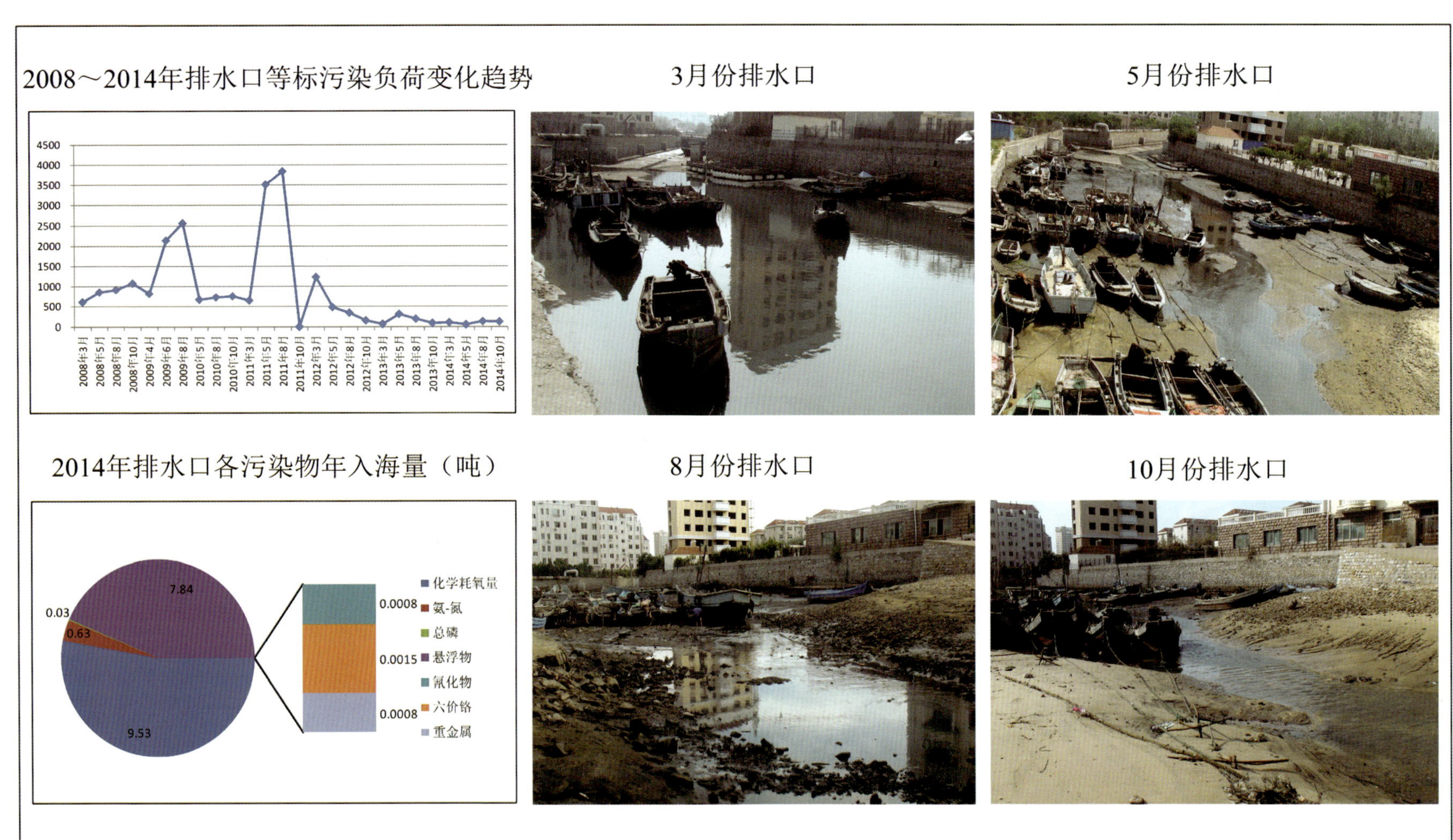

葡萄河入海口

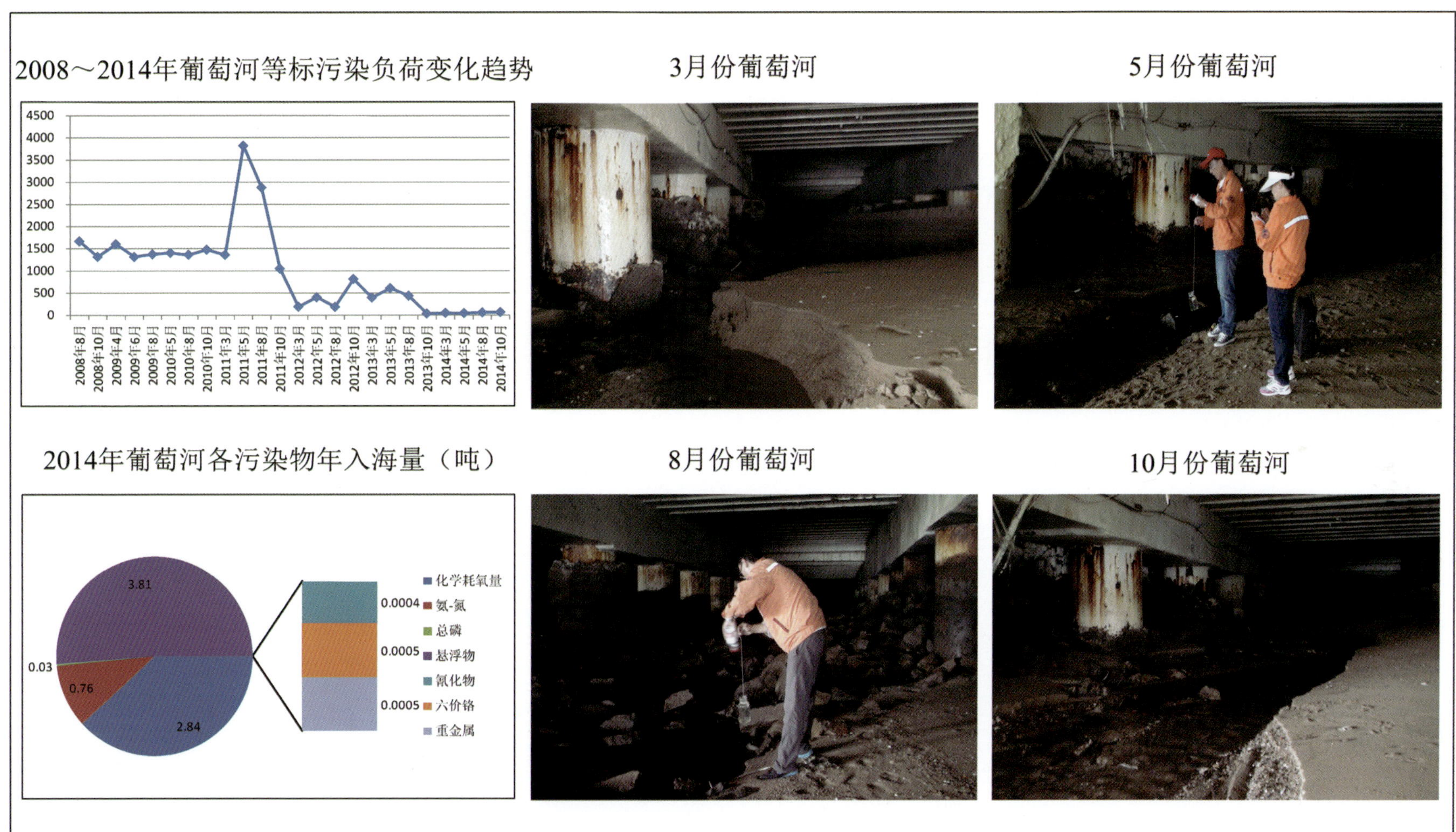

双龙河入海口

2008～2014年双龙河等标污染负荷变化趋势

3月份双龙河

5月份双龙河

2014年双龙河各污染物年入海量（吨）

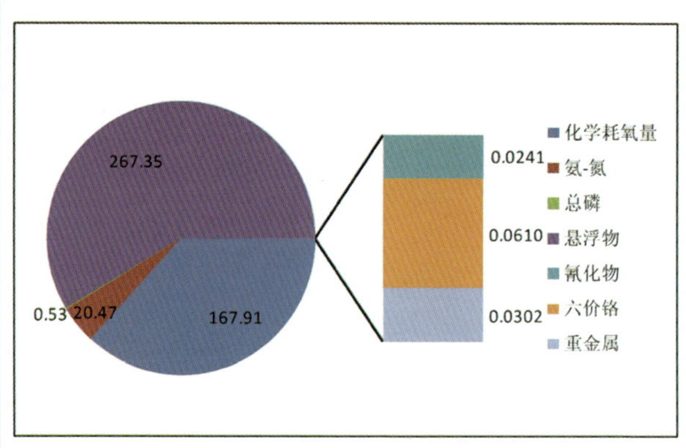

8月份双龙河

10月份双龙河

第二污水处理厂应急排污口

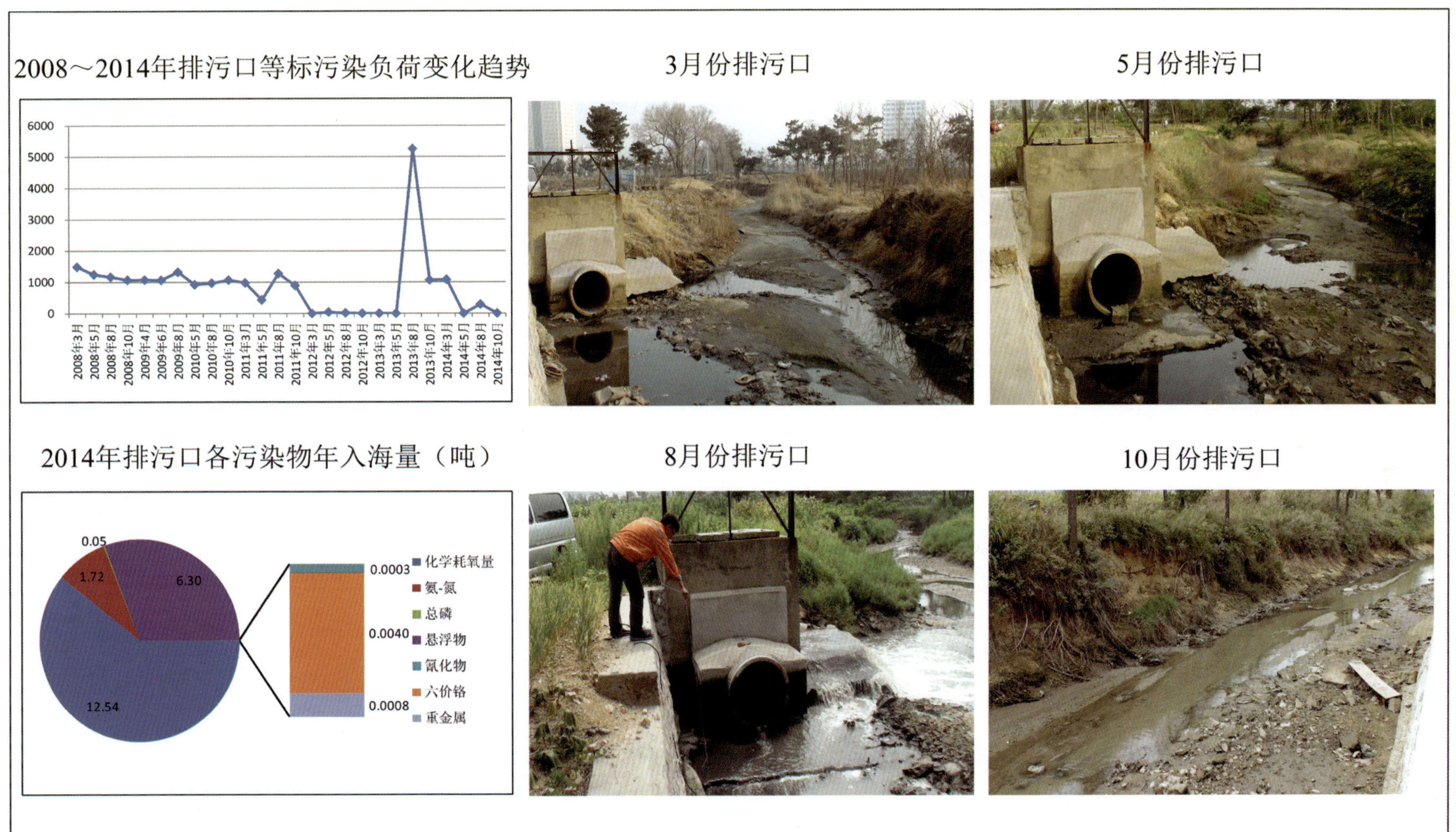

皂埠河入海口

2008～2014年皂埠河等标污染负荷变化趋势
5000
4500
4000
3500
3000
2500
2000
1500
1000
500
0
2008年3月
2008年5月
2008年8月
2008年10月
2009年4月
2009年6月
2009年8月
2010年5月
2010年8月
2010年10月
2011年3月
2011年5月
2011年8月
2011年10月
2012年3月
2012年5月
2012年8月
2012年10月
2013年3月
2013年5月
2013年8月
2013年10月
2014年3月
2014年5月
2014年8月
2014年10月
3月份皂埠河
5月份皂埠河
2014年皂埠河各污染物年入海量（吨）
12.88
5.87
1.71
0.06
0.0007
0.0015
0.0006
化学耗氧量
氨-氮
总磷
悬浮物
氰化物
六价铬
重金属
8月份皂埠河
10月份皂埠河

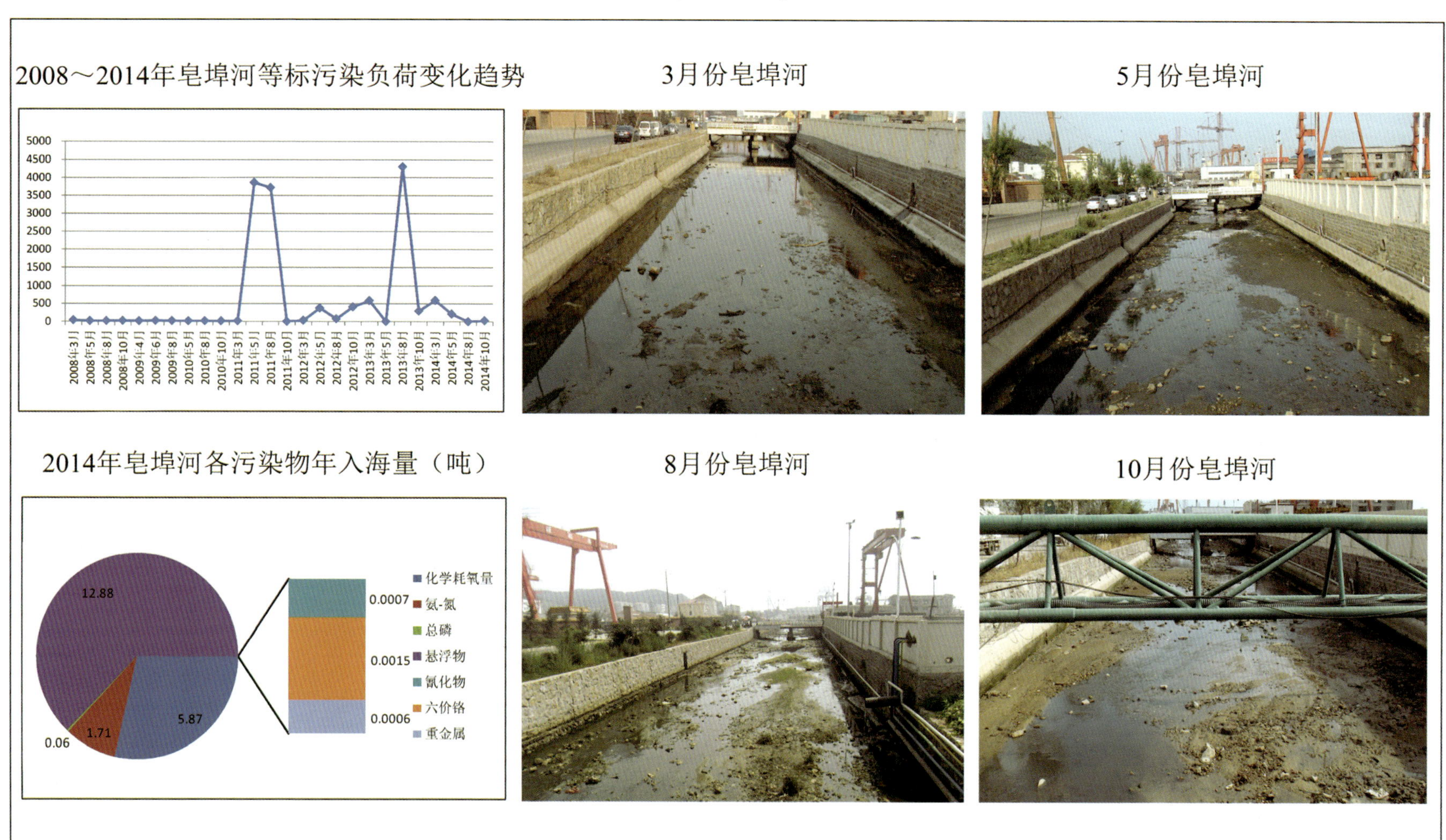

威海市区溢油风险源分布图

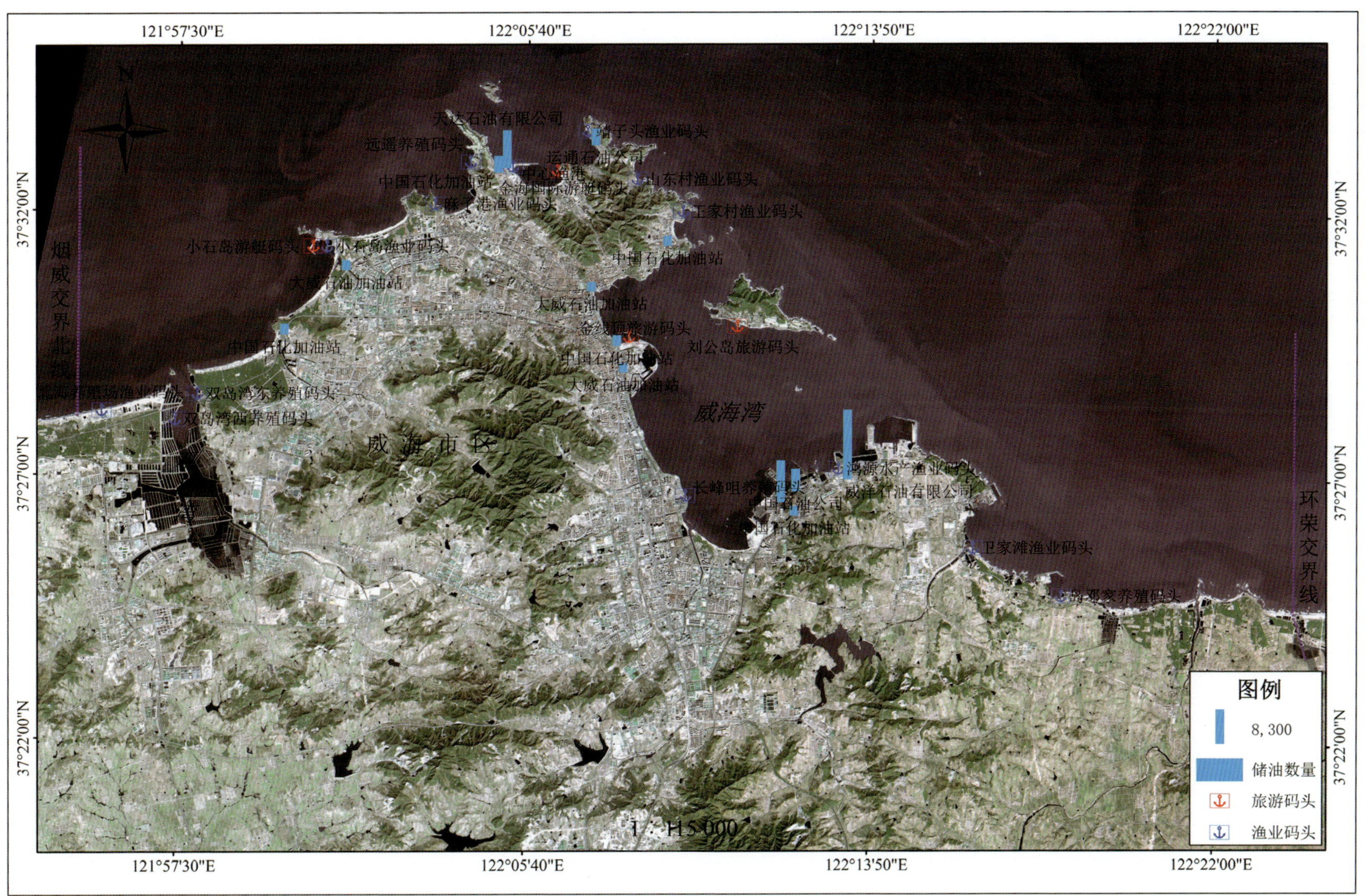

威海市区沙滩油渣分布图

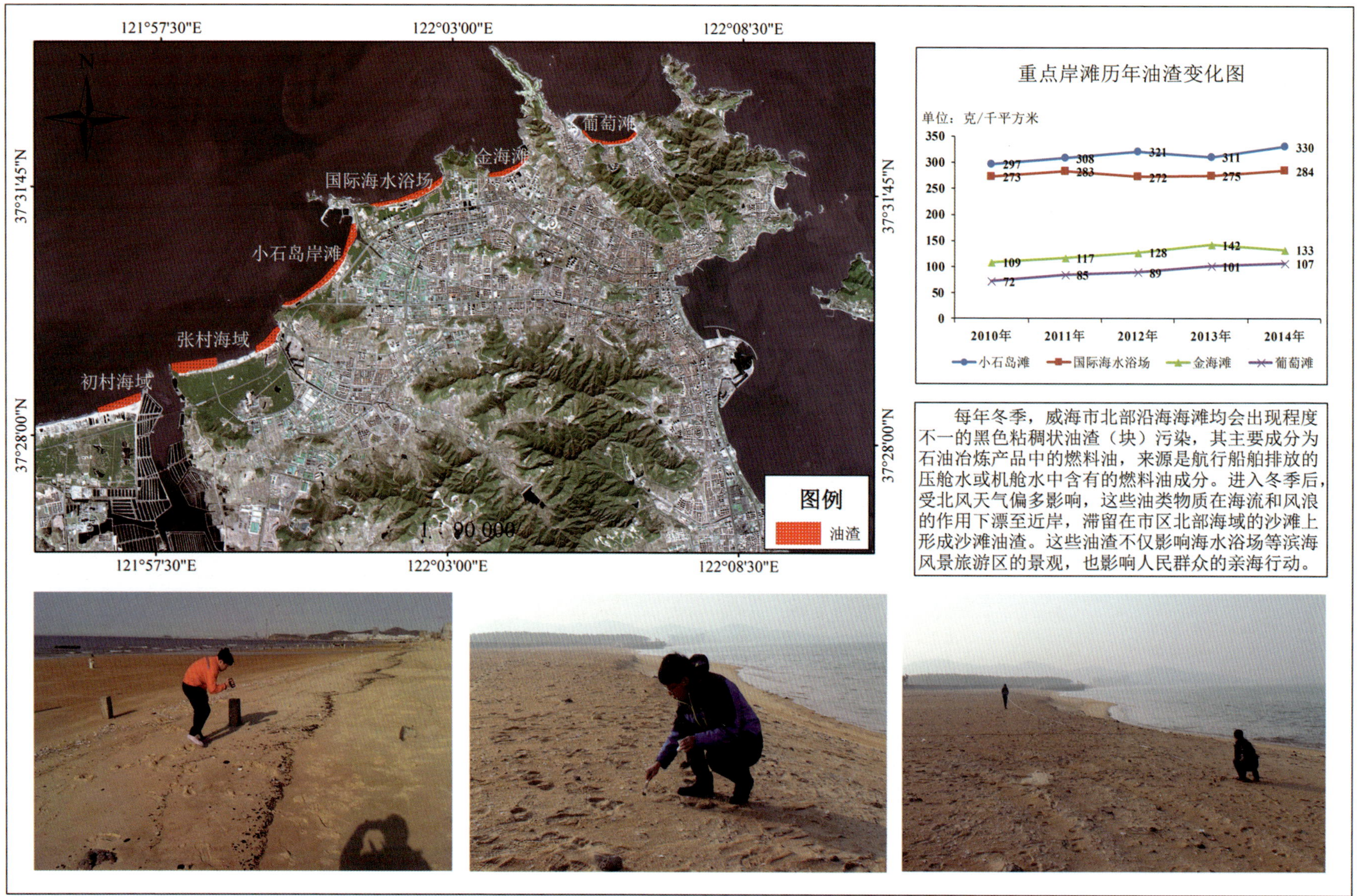

每年冬季，威海市北部沿海海滩均会出现程度不一的黑色粘稠状油渣（块）污染，其主要成分为石油冶炼产品中的燃料油，来源是航行船舶排放的压舱水或机舱水中含有的燃料油成分。进入冬季后，受北风天气偏多影响，这些油类物质在海流和风浪的作用下漂至近岸，滞留在市区北部海域的沙滩上形成沙滩油渣。这些油渣不仅影响海水浴场等滨海风景旅游区的景观，也影响人民群众的亲海行动。

威海小石岛沙滩垃圾

121°59'15"E
122°00'30"E
122°01'45"E
37°31'00"N
37°30'10"N
N
1：20 000
图例
沙滩
小石岛沙滩垃圾存量密度
单位：千克/平方千米
3000
2500
2000
1500
1000
500
0
2011年
2012年
2013年
2014年
680
230
185
510
360
390
583
135
814
196
900
1088
210
641
52
165
438
96
455
895
玻璃类
塑料类
纸类
木制品类
其他类
小石岛沙滩上垃圾数量以生活垃圾为主，种类有塑料类、木制品类、玻璃类、纸类、聚苯乙烯泡沫塑料类、金属类、其他类，大小规模以中、小块垃圾为主，平均密度2 199千克/平方千米。垃圾来源一是游人观光赶海遗留，如烟头、饮料瓶和食品包装袋等；二是陆地轻质垃圾被风吹入海，如轻薄聚乙烯泡沫塑料类等；三是海水输送渔船遗落物，如渔网和绳子等。

威海市区绿潮分布图

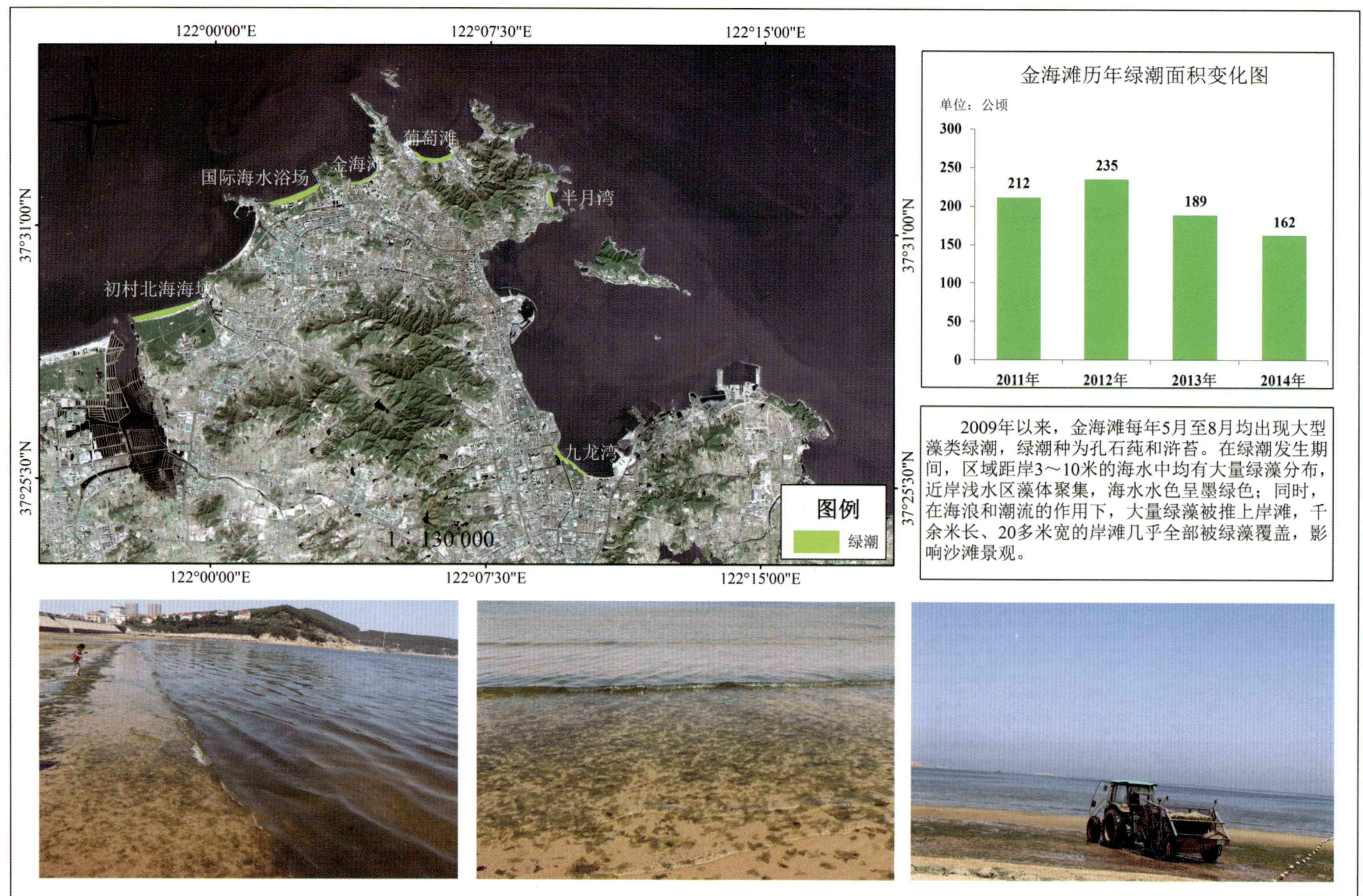

2009年以来，金海滩每年5月至8月均出现大型藻类绿潮，绿潮种为孔石莼和浒苔。在绿潮发生期间，区域距岸3～10米的海水中均有大量绿藻分布，近岸浅水区藻体聚集，海水水色呈墨绿色；同时，在海浪和潮流的作用下，大量绿藻被推上岸滩，千余米长、20多米宽的岸滩几乎全部被绿藻覆盖，影响沙滩景观。